特高压直流工程建设管理实践与创新

TEGAOYA ZHILIU GONGCHENG JIANSHE GUANLI SHIJIAN YU CHUANGXIN

线路工程建设

典型经验

国家电网公司直流建设分公司 编

中国电力出版社
CHINA ELECTRIC POWER PRESS

内 容 提 要

为全面总结十年来特高压直流输电工程建设管理的实践经验，国家电网公司直流建设分公司编纂完成《特高压直流工程建设管理实践与创新》丛书。本丛书分标准化管理、标准化作业指导书、典型经验和典型案例四个系列，共 12 个分册。

本书为《线路工程建设典型经验》分册。在梳理、总结特高压直流线路工程技术支撑和协同监督检查阶段的工作经验和不足的基础上，提出了新的建管模式下的标准化工作要求和内容，提供了可参考的工作模式和"五位一体"的工作流程。包括特高压直流线路工程技术支撑工作典型经验和安全质量协同监督工作典型经验两篇。

本丛书可用于指导后续特高压直流工程建设管理，并为其他等级直流工程建设管理提供经验借鉴。

图书在版编目（CIP）数据

特高压直流工程建设管理实践与创新. 线路工程建设典型经验/国家电网公司直流建设分公司编 . —北京：中国电力出版社，2017.12
ISBN 978-7-5198-1559-2

Ⅰ. ①特… Ⅱ. ①国… Ⅲ. ①特高压输电–直流输电–输电线路–电力工程 Ⅳ. ①TM726.1

中国版本图书馆 CIP 数据核字（2017）第 313313 号

出版发行：中国电力出版社
地　　址：北京市东城区北京站西街 19 号（邮政编码 100005）
网　　址：http://www.cepp.sgcc.com.cn
责任编辑：吴　冰（010-63412356）
责任校对：朱丽芳
装帧设计：张俊霞　左　铭
责任印制：邹树群

印　　刷：北京大学印刷厂
版　　次：2017 年 12 月第一版
印　　次：2017 年 12 月北京第一次印刷
开　　本：787 毫米×1092 毫米　16 开本
印　　张：9
字　　数：196 千字
印　　数：0001—2000 册
定　　价：40.00 元

序 言

　　建设以特高压电网为骨干网架的坚强智能电网，是深入贯彻"五位一体"总体布局、全面落实"四个全面"战略布局、实现中华民族伟大复兴的具体实践。国家电网公司特高压直流输电的快速发展以向家坝—上海±800kV特高压直流输电示范工程为起点，其成功建成、安全稳定运行标志着我国特高压直流输电技术进入全面自主研发创新和工程建设快速发展新阶段。

　　十年来，国家电网公司特高压直流输电技术和建设管理在工程建设实践中不断发展创新，历经±800kV向上、锦苏、哈郑、溪浙、灵绍、酒湖、晋南到锡泰、上山、扎青等工程实践，输送容量从640万kW提升至1000万kW，每千千米损耗率降低到1.6%，单位走廊输送功率提升1倍，特高压工程建设已经进入"创新引领"新阶段。在建的±1100kV吉泉特高压直流输电工程，输送容量1200万kW、输送距离3319km，将再次实现直流电压、输送容量、送电距离的"三提升"。向上、锦苏、哈郑等特高压工程荣获国家优质工程金奖，向上特高压工程获得全国质量奖卓越项目奖，溪浙特高压双龙换流站荣获2016年度中国建设工程鲁班奖等，充分展示了特高压直流工程建设本质安全和优良质量。

　　在特高压直流输电工程建设实践十年之际，国网直流公司全面落实专业化建设管理责任，认真贯彻落实国家电网公司党组决策部署，客观分析特高压直流输电工程发展新形势、新任务、新要求，主动作为开展特高压直流工程建设管理实践与创新的总结研究，编纂完成《特高压直流工程建设管理实践与创新》丛书。

　　丛书主要从总结十年来特高压直流工程建设管理实践经验与创新管理角度出发，本着提升特高压直流工程建设安全、优质、效益、效率、创新、生态文明等管理能力，提炼形成了特高压直流工程建设管理标准化、现场标准化作业指导书等规范要求，总结了特高压直流工程建设管理典型经验和案例。丛书既有成功经验总结，也有典型案例汇编，既有管理创新的智慧结晶，也有规范管理的标准要求，是对以往特高压输电工程难得的、较为系统的总结，对后续特高压直流工程和其他输变电工程建设管理具有很好的指导、借鉴和启迪作用，必将进一步提升特高压直流工程建设管理水平。丛书分标准化管理、标准化作业指导书、典型经验和典型案例四个系列，共 12 个分册 300 余万字。希望丛书在今后的特高压建设管理实践中不断丰富和完善，更好地发挥示范引领作用。

特此为贺特高压直流发展十周年，并献礼党的十九大胜利召开。

2017 年 10 月 16 日

前 言

  自 2007 年中国第一条特高压直流工程——向家坝—上海±800kV 特高压直流输电示范工程开工建设伊始，国家电网公司就建立了权责明确的新型工程建设管理体制。国家电网公司是特高压直流工程项目法人；国网直流公司负责工程建设与管理；国网信通公司承担系统通信工程建设管理任务。中国电力科学研究院、国网北京经济技术研究院、国网物资有限公司分别发挥在科研攻关、设备监理、工程设计、物资供应等方面的业务支撑和技术服务的作用。

  2012 年特高压直流工程进入全面提速、大规模建设的新阶段。面对特高压电网建设迅猛发展和全球能源互联网构建新形势，国家电网公司对特高压工程建设提出"总部统筹协调、省公司属地建设管理、专业公司技术支撑"的总体要求。国网直流公司开展"团队支撑、两级管控"的建设管理和技术支撑模式，在工程建设中实施"送端带受端、统筹全线、同步推进"机制。在该机制下，哈密南—郑州、溪洛渡—浙江、宁东—浙江、酒泉—湘潭、晋北—南京、锡盟—泰州等特高压直流工程成功建设并顺利投运。工程沿线属地省公司通过参与工程建设，积累了特高压直流线路工程建设管理经验，国网浙江、湖南、江苏电力顺利建成金华换流站、绍兴换流站、湘潭换流站、南京换流站以及泰州换流站等工程。

  十年来，特高压直流工程经受住了各种运行方式的考验，安全、环境、经济等各项指标达到和超过了设计的标准和要求。向家坝—上海、锦屏—苏州南、哈密南—郑州特高压直流输电工程荣获"国家优质工程金奖"，溪洛渡—浙江双龙±800kV 换流站获得"2016～2017 年度中国建筑工程鲁班奖"等。

  《线路工程建设典型经验》分为两部分，第一部分为特高压直流线路工程技术支撑工作典型经验；第二部分为安全质量协同监督检查工作典型经验。本书梳理、总结特高压直流线路工程技术支撑和协同监督阶段检查的工作经验和不足，形成了在新的建管模式下的标准化工作要求和内容。针对项目管理差异化管控，以协同监督检查、"四不两直"检查、专项检查等工作手段，明确技术方案、安全质量控制具体措施。

　　本书在编写过程中，得到工程各参建单位的大力支持，在此表示衷心感谢！书中恐有疏漏之处，敬请广大读者批评指正。

编　者

2017 年 9 月

目 录

第二篇　安全质量协同监督工作典型经验

第 一 篇

特高压直流线路工程技术支撑工作典型经验

1 前 期 工 作

1.1 前期文件收集

前期文件是工程建设的指导性、依据性文件，是建设管理单位（业主项目部）工程前期管理的一项重要工作内容，是指导业主、监理、施工单位编制工程策划文件、管理制度、技术方案的前提和依据。通过参与工程的可研、初设、施工图设计三个阶段，由建设管理单位（业主项目部）负责收集、整理、下发，前期文件收集要完整、解读要清晰、理解要透彻，在后期工程建设中体现要充分，作为工程标准化开工检查的一项重要内容。

1.1.1 前期管理文件收集

前期管理文件包含但不限于以下内容：工程核准及相关的支撑文件；国家电网公司前期对工程的特殊问题批示；国家电网公司最新的管理制度及标准；各级地方政府对工程的批示性文件及相关的专项要求；涉及工程的各政府职能部门对工程的评价、要求及批示意见；线路途经各地区近期类似工程的建设补偿标准；相关的招投标、答疑文件及最后形成的正式合同文件等内容。除以上内容及文件外，还应注意收集沿线途经省、地、市、县级的环境保护特殊要求、劳动职业卫生及健康要求、劳动监察备案工作要求及工程开工手续等内容，为保证工程的顺利开工打下较好的基础。

建设管理单位前期收集文件内容见表 1–1。

表 1–1　　　　　　　　　建设管理单位前期收集文件内容表

工程阶段	归档文件材料内容	归档责任单位
前期管理		
立项文件	1. 项目核准文件 2. 项目核准请示、报告 3. 项目核准前期工作的文件	项目法人 建设管理单位
投资管理	1. 项目贷款、融资文件 2. 投资估算核定报告及批复 3. 资金计划 4. 投资计划 5. 年度投资计划完成报告	项目法人 建设管理单位

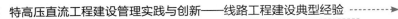

续表

工程阶段	归档文件材料内容	归档责任单位
往来文件	1. 停电申请与批复 2. 物资供货时间变更通知 3. 项目其他往来文件及重要电传	项目法人 建设管理单位
工程建设许可	1. 建设规划许可及申请报批材料 2. 路径走向方案及审批 3. 建设用地规划许可及申请报批材料 4. 林木砍伐许可 5. 道路挖掘许可 6. 占道许可 7. 施工许可及申请报批材料	建设管理单位
用地预审	1. 国土资源部用地预审批复 2. 国土资源部的用地预审申请 3. 地方国土管理部门用地预审意见 4. 地方国土管理部门用地预审申请	项目法人 建设管理单位
征地及赔偿协议、付款凭证	1. 土地使用证、红线图 2. 建设征、占用林地审批材料 3. 塔基占地协议及付款凭证、塔基占地明细表、补偿费用汇总表 4. 树木砍伐协议及付款凭证、林地使用同意书、赔偿明细表及汇总 5. 房屋拆迁协议及付款凭证、赔偿明细表及汇总表 6. 青苗赔偿协议及付款凭证、赔偿明细表 7. 文物普探或重点勘探赔偿协议及付款凭证 8. 通道防护协议 9. 施工补偿费用结算证明	建设管理单位 施工单位
环评、水保招投标文件	1. 发布招标公告（投标邀请函）的公司内部审批手续 2. 招标文件及澄清、修改函件 3. 中标人的投标文件及其澄清回复函件 4. 投标文件的送达（上传交易平台信息系统）时间和密封（加封）情况 5. 评标委员会组建审批手续 6. 评标报告 7. 定标记录、会议纪要 8. 推荐的中标候选人公示及其异议和答复 9. 中标通知书 10. 环评、水保合同	建设管理单位及 招标代理机构
预初步设计招投标文件	1. 发布招标公告（投标邀请函）的公司内部审批手续 2. 招标文件及澄清、修改函件 3. 中标人的投标文件及其澄清回复函件 4. 投标文件的送达（上传交易平台信息系统）时间和密封（加封）情况 5. 评标委员会组建审批手续 6. 评标报告 7. 定标记录、会议纪要 8. 推荐的中标候选人公示及其异议和答复	建设管理单位及 招标代理机构

续表

工程阶段	归档文件材料内容	归档责任单位
设计招投标文件	1. 发布招标公告（投标邀请函）的公司内部审批手续 2. 招标文件及澄清、修改函件 3. 中标人的投标文件及其澄清回复函件 4. 投标文件的送达（上传交易平台信息系统）时间和密封（加封）情况 5. 评标委员会组建审批手续 6. 评标报告 7. 定标记录、会议纪要 8. 推荐的中标候选人公示及其异议和答复 9. 中标通知书 10. 设计合同	建设管理单位及招标代理机构
设计监理招投标文件	1. 发布招标公告（投标邀请函）的公司内部审批手续 2. 招标文件及澄清、修改函件 3. 中标人的投标文件及其澄清回复函件 4. 投标文件的送达（上传交易平台信息系统）时间和密封（加封）情况 5. 评标委员会组建审批手续 6. 评标报告 7. 定标记录、会议纪要 8. 推荐的中标候选人公示及其异议和答复 9. 中标通知书 10. 设计监理合同	建设管理单位及招标代理机构
监理招投标文件	1. 发布招标公告（投标邀请函）的公司内部审批手续 2. 招标文件及澄清、修改函件 3. 中标人的投标文件及其澄清回复函件 4. 投标文件的送达（上传交易平台信息系统）时间和密封（加封）情况 5. 评标委员会组建审批手续 6. 评标报告 7. 定标记录、会议纪要 8. 推荐的中标候选人公示及其异议和答复 9. 中标通知书 10. 监理合同	建设管理单位及招标代理机构
监造招投标文件	1. 发布招标公告（投标邀请函）的公司内部审批手续 2. 招标文件及澄清、修改函件 3. 中标人的投标文件及其澄清回复函件 4. 投标文件的送达（上传交易平台信息系统）时间和密封（加封）情况 5. 评标委员会组建审批手续 6. 评标报告 7. 定标记录、会议纪要 8. 推荐的中标候选人公示及其异议和答复 9. 中标通知书 10. 监造合同	建设管理单位及招标代理机构

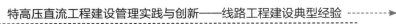
续表

工程阶段	归档文件材料内容	归档责任单位
施工招投标文件（含OPGW接续工程）	1. 发布招标公告（投标邀请函）的公司内部审批手续 2. 招标文件及澄清、修改函件 3. 中标人的投标文件及其澄清回复函件 4. 投标文件的送达（上传交易平台信息系统）时间和密封（加封）情况 5. 评标委员会组建审批手续 6. 评标报告 7. 定标记录、会议纪要 8. 推荐的中标候选人公示及其异议和答复 9. 中标通知书 10. 施工合同、协议	建设管理单位及招标代理机构
铁塔、导地线、绝缘子等招投标文件	1. 发布招标公告（投标邀请函）的公司内部审批手续 2. 招标文件及澄清、修改函件 3. 中标人的投标文件及其澄清回复函件 4. 投标文件的送达（上传交易平台信息系统）时间和密封（加封）情况 5. 评标委员会组建审批手续 6. 评标报告 7. 定标记录、会议纪要 8. 推荐的中标候选人公示及其异议和答复 9. 中标通知书 10. 供货合同、技术协议	建设管理单位及招标代理机构
OPGW及附件招投标文件	1. 发布招标公告（投标邀请函）的公司内部审批手续 2. 招标文件及澄清、修改函件 3. 中标人的投标文件及其澄清回复函件 4. 投标文件的送达（上传交易平台信息系统）时间和密封（加封）情况 5. 评标委员会组建审批手续 6. 评标报告 7. 定标记录、会议纪要 8. 推荐的中标候选人公示及其异议和答复 9. 中标通知书 10. 供货合同、技术协议	建设管理单位及招标代理机构
其他合同、协议	1. 建设管理任务书 2. 可研技术咨询合同 3. 初设技术咨询合同 4. 地震、地灾、压覆矿产资源评估等地质勘测服务合同 5. 招标代理技术服务合同 6. 成套设备服务协议等 7. 质量检测合同 8. 路径合同 9. 安全管理协议 10. 河道防洪合同	建设管理单位

续表

工程阶段	归档文件材料内容	归档责任单位
其他合同、协议	11. 文物勘探合同 12. 与矿业、公路、军事、民航、铁路、通信等签订的协议 13. 系统调试技术服务合同 14. 环保、水保验收技术咨询服务合同 15. 审计合同 16. 咨询论证合同 17. 专题报告委托合同 18. 科研合同 19. 监测设备合同及协议 20. 林勘合同 21. 项目后评价合同 22. 其他零星合同	建设管理单位

1.1.2　前期技术文件收集

前期技术文件包含但不限于以下内容：可研、初设阶段的设计文件及评审意见、设计技术专题文件、施工图审查纪要、设计代业主办理的相关批示及手续、设计单位先期达成的重大赔偿约定、设计单位计列的主要赔偿预算及沿线各地市的赔偿情况、重大的交叉跨越位置、交叉跨越情况及风险等级辨识等相关内容。

具体收集归档内容见表 1–2。

表 1–2　　　　　　　　　　　前期技术文件归档内容

工程阶段	归档文件材料内容	归档责任单位
可行性研究		
可行性研究	1. 可行性研究报告评审意见 2. 可行性研究报告及附图 3. 可行性研究委托函	项目法人建设管理单位
预初步设计	1. 预初步设计评审纪要 2. 预初步设计报告及附图 3. 预初步设计启动文件 4. 预初步设计委托函	项目法人建设管理单位
路径方案	1. 路径选线启动文件 2. 路径方案评审意见、路径审批文件 3. 路径方案报告	建设管理单位
环境保护	1. 环境影响报告书（表）的批复文件 2. 环境影响报告书（表） 3. 环境影响报告书（表）报送文件 4. 环境影响评价评价委托函	项目法人建设管理单位

续表

工程阶段	归档文件材料内容	归档责任单位
水土保持	1. 水土保持方案报告书（表）的批复文件 2. 水土保持方案报告书（表） 3. 水土保持方案报告书（表）报送文件 4. 水土保持方案编制委托函	项目法人建设管理单位
地质灾害	1. 建设用地地质灾害危险性评估批复 2. 建设用地地质灾害危险性评估报告 3. 建设用地地质灾害危险性评估报告委托函	项目法人建设管理单位
地震安全	1. 地震安全性评价批复 2. 地震安全性评价报告 3. 地震安全性评价报告委托函	项目法人建设管理单位
压覆矿产	1. 压覆矿产资源评估批复 2. 压覆矿产资源评估报告 3. 压覆矿产资源评估报告委托函	项目法人建设管理单位
河道防洪	1. 河道防洪批复 2. 河道防洪报告 3. 河道防洪报告委托函	建设管理单位
文物勘探	1. 文物勘探批复 2. 文物勘探报告 3. 文物勘探报告委托函	建设管理单位
大跨越航道文件	1. 跨越航道批复 2. 跨越航道申请	建设管理单位
科研论证	1. 单项专题可行性研究报告、专家评审意见 2. 咨询论证报告 3. 其他专题研究报告及批复	建设管理单位
初步设计		
设计文件	1. 初步设计审查意见、请示及批复 2. 初步设计全套文件及图纸 3. 初步设计收口评审意见 4. 初步设计全套收口文件及附图 5. 初步设计工作大纲 6. 初步设计委托函 7. 地质勘测详勘报告、水文气象报告	项目法人建设管理单位
联合设计	设计联络会纪要	项目法人建设管理单位

除以上内容外，为保证管理标准、技术要求、安全质量、文明施工及环、水保现场实施的目标要求，业主项目部还需根据工程建设大纲的要求收集：工程的各项目标要求、工程参数、国网公司的各项建设管理制度和规定的最新版本、现行有效的法律法规清单和统一工艺标准要求，并将以上内容纳入工程策划文件的相关实施要求。

1.2 前期管理文件策划

管理策划文件是工程建设的纲领性文件，是工程建设目标的具体体现和管理行为的具体指导，体现出工程建设管理精益化程度。在充分熟悉工程特点、理解前期文件及管理制度的基础上，由业主项目经理制定策划编制大纲，明确管理目标、要求及责任人，组织专业人员进行讨论确定，确保编制人员理解到位、思路清楚、要求明确。策划文件编制的依据要准确、内容要详实、要求要具体、考核要明确，在编制过程中开展阶段性检查，及时进行纠偏，最后经项目经理初审合格后，提交建设管理单位进行审查，补充完善后予以发布执行。

1.2.1 编制流程

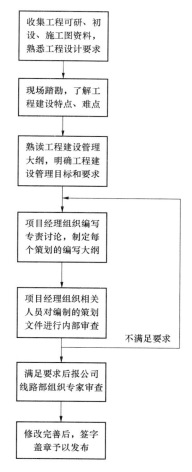

1.2.2 编制八个策划文件

在工程开工前业主项目部需要编制：《项目管理策划》《安全文明施工总体策划》《工

程建设创优策划》《工程安全风险管理策划》《工程强制性条文执行策划》《环境保护与水土保持管理策划》《工程建设依法合规现场管理策划》《工程创新技术应用示范工程策划》等八项管理文件，作为工程建设的指导性文件。

策划文件的要求：① 要突出最新的管理要求，在工程建设期间，当有新的管理文件出来后，需立即进行滚动更新和修正，以满足新要求；② 与工程的特点要紧密结合，通过参与工程建设前期的可研、初设阶段的工作的基础上，针对性的开展现场踏勘，对工程的特点了然于胸，编制的策划文件才能充分体现工程的特点、难点和建设要求；③ 管理要求要明确，突出特点和关键点，与工程建设目标相对应，提出的要求针对性、操作性强，与最新的管理要求相一致；④ 签署要齐全，时间的逻辑性正确；⑤ 交底要及时和充分，在工程开工前，及时组织各参建单位进行管理交底，使各单位充分认识和理解建设管理要求，并落实到其策划文件和开工准备中，注意留存相关的交底资料。

1.2.3 八个策划文件的主要内容

根据各个策划文件的管理目标、要求和侧重点，应包括以下主要内容。

（1）项目管理策划：

1）前言：工程概况、建设规模、投资规模及资金安排、工程建设参建单位。

2）工程建设依据、目标。

3）工程建设特点。

4）工程建设管理体制：建设管理网络、安全管理网络、质量管理网络、参建单位职责。

5）项目部、材料站及施工现场总平面布置。

6）安全健康及环境保护。

7）工程建设管理：工程建设前期管理、现场文明施工管理、计划进度管理、质量管理（含标准工艺应用）、技术管理、造价及资金管理、合同管理、信息管理、施工协调管理、物资管理、档案资料管理、结算管理、工程达标投产及创优管理。

（2）安全文明施工总体策划：

1）概述：工程简介、编制的目的和依据。

2）安全文明施工管理目标：安全管理目标、文明施工管理目标。

3）安全文明施工管理组织机构及职责：组织机构、安全保证机构、安全监督机构。

4）安全管理：安全管理台账目录、专项施工方案管理措施、安全强制性条文管理措施、安全设施及安全防护用品管理措施、作业人员行为规范管理措施、安全通病管理措施、分包安全管理措施、安全文明施工费管理措施、应急管理措施。

5）施工安全风险管理：施工安全风险动态调整管理要求、三级及以上施工安全风险作业控制点。

6）文明施工管理：现场布置条理化管理措施（含现场总平面布置图）、设备材料摆放定置化管理措施、成品及半成品保护管理措施、环境保护管理措施。

7）安全检查及评价考核管理：安全检查计划及管理措施、项目安全管理评价计划及管理措施、项目安全管理考核措施。

（3）工程建设创优策划：

1）概述：编制目的及依据。

2）工程概况：工程建设规模、工程建设特点、参建单位。

3）工程创优目标：安全、质量、进度、投资、环保水保、档案管理目标。

4）工程创优措施：综合管理措施、过程管理措施、标准工艺实施要求、质量管理措施、安全文明施工管理措施、投资管理措施、环境保护措施、进度管理措施、档案管理措施、工艺与科技创新管理措施、工程投运后创优管理措施、达标投产重点控制项目、工程质量评价重点控制项目、中国电力行业优质工程重点控制项目、国家级优质工程。

5）工程质量创优亮点与标准工艺管理：标准工艺要求、工程质量创优亮点、主要亮点工艺要求、主要施工工艺质量要求、控制措施及成品效果要求。

6）绿色施工管理：组织策划、过程管理措施、评价管理。

（4）工程安全风险管理策划：

1）概述：编制目的及依据。

2）工程概况：工程建设规模、工程建设特点、参建单位。

3）风险管理目标。

4）风险管理组织机构与职责。

5）工程风险识别与分析：风险识别的范围、风险因素、风险识别报告。

6）工程风险评估：评估范围、评估方法。

7）工程风险处置：风险处置方案、风险处置的综合措施、风险应对重点。

8）风险管理后评价。

附件：建设管理单位风险预警管控范围、三级及以上安全风险清单及预控措施。

（5）工程强制性条文执行策划：

1）概述：编制目的及依据。

2）工程概况：工程建设规模、工程建设特点、参建单位。

3）建设标准强制性条文实施目标。

4）建设标准强制性条文实施组织机构和管理职责。

5）建设标准强制性条文实施主要管理措施。

6）建设标准强制性条文实施要求。

附件：工程建设标准强制性条文执行责任书、设计及施工强制性条文执行检查一览表。

（6）环境保护与水土保持管理策划：

1）概述：编制目的及依据。

2）工程概况：工程建设规模、工程建设特点、参建单位。

3）环水保管理目标。

4）组织机构及职责。

5）环水保管理：环水保重点工作要求、环水保技术控制措施、环水保监督管理措施、环水保监测工作要求、过程数码照片管理、新技术推广、环水保污染事件（故）应急处理、奖惩制度。

6）环水保验收管理：特别是水土保持分部、单元工程中间验收的要求要明确。

（7）工程建设依法合规现场管理策划：

1）概述：编制目的及依据。

2）工程概况：工程建设规模、工程建设特点、参建单位。

3）依法合规现场管理目标。

4）依法合规现场管理组织机构和职责。

5）风险辨识。

6）风险管理：依法合规开工、工程款支付、设计变更、工程结算、项目外委、施工分包、政策处理、协议签订、财务管理、信息与廉政建设。

7）监督检查。

8）考核评价。

（8）工程创新技术应用示范工程策划：

1）目的及适用范围。

2）编制依据。

3）工程概况：工程简介、工程特点、参建单位。

4）新技术应用工作目标。

5）新技术应用示范工程应具备的条件。

6）组织机构及职责。

7）新技术应用示范工程评审主要内容。

8）现场评审需提供资料责任分工。

9）评价与考核。

1.2.4 创新引领策划

认真分析各标段的具体情况，确定创新引领示范段建设，长度控制在全段长度的 8% 左右，涵盖所有塔型及基础型式，充分体现全段的地形、地质、冰区、交通运输特点，制定明确的安全、质量、环水保、科技创新管理目标，以标准化开工管理要素为基础、以"五位一体"为抓手、以"五新"（新技术、新工艺、新流程、新设备、新材料）为助推，从组织、人员、设备等方面给予保障，扎实打造一批管理过硬、安全可控、工艺精良、成果丰富的示范段，引领全段工程建设综合水平的全面提升。

（1）项目经理挂帅，精心策划，目标、成果明确具体。

（2）人员组织到位，由综合素质相对较高、熟悉工艺流程和管理要求的人员构成，需 2～3 名本单位的岗位能手（分基础、组塔、架线、附属设施等阶段）具体操作和指导。

（3）按照 PDCA 流程开展工作，形成月计划、周控制、日检查的常态化模式。

（4）及时总结成果并在全线推广，起到示范引领的作用。

（5）监理加强监督检查、业主项目部加强考核和纠偏，确保示范段建设的顺利推进和推广。

1.2.5 编制现场管理制度

（1）现场管理制度策划的总体要求。工程建设的制度管理是指通过分析建设管理范围内各具体标段和各参建单位的特点，结合业主项目部的人员构成及工作分工，按照国家电网公司现场标准化建设各管理的要求，对现场建设管理期间需要进行规范约束的方面进行现场管理制度方面的策划。现场管理制度策划是结合工程特点、难点、自然条件、人文条件和实际情况编制的一系列现场管理制度，以建立"全覆盖、有时效"的管理机制为目标，而形成的一系列现场管理制度。

（2）现场管理制度策划的基本流程：

1）由项目经理挂帅，研究和了解现场的实际情况和现场的管理重点内容。

2）根据管理重点要求，组织熟悉国网公司相关管理制度要求，具有现场管理经验的人员到位，在充分进行管理要求和现场情况交底的情况下，提出制度策划的基本要求和涉及内容。

3）结合现场实际情况、管理目标和国家电网公司的各项管理文件的要求，根据参建管理人员的责、权要求和管理流程进行流程再造和节点设置，并进一步开展相关现场各种管理制度的编制。

4）根据制度管理的要求进行新编现场制度的公示和发布，并进行制度交底和实施。

根据各工程现场的实际情况，编制现场管理制度，进一步加强对现场的管理，建议编制表 1-3 所示的现场管理制度。

表 1-3　　　　　　　　　现 场 管 理 制 度

序号	制 度 名 称	序号	制 度 名 称
1	安全管理责任制	15	承包商资信评价管理制度
2	安全工作例会制度	16	工程项目技术管理办法
3	安全信息管理制度	17	现场负责人到岗及请假报告制度
4	安全奖惩细则	18	业主项目部现场管理制度
5	车辆交通安全管理制度	19	业主项目部造价控制管理制度
6	项目安委会工作制度	20	质量检验及验收制度
7	安全隐患排查制度	21	安全检查工作制度
8	安全分包管理制度	22	食品卫生及食堂管理制度
9	安全考核制度	23	公共卫生管理制度
10	安全事故调查、统计制度	24	项目现场人员流动管理备案制度
11	安全质量数码照片管理规定	25	项目科研创优奖惩管理办法
12	安全培训、交底制度	26	现场环、水保及质量控制奖惩管理办法
13	工程项目信息管理办法	27	现场技经及工程变更管理办法
14	现场会议管理制度		

1.2.6　资料管理策划

（1）在工程开工前，公司综合部明确工程档案管理整体部署及阶段工作要求，负责协助直流部编制《工程档案管理总体策划》，负责制订《工程档案整理指导手册》，参与档案管理培训，根据总部要求开展归档资料档案过程检查与跟踪指导。

（2）公司线路管理部负责编制《工程技术资料填写手册》，参与档案管理培训，根据公司要求对建设过程档案进行跟踪与抽查。季度安全质量协同监督检查一并对技术资料、档案管理进行检查并对相关问题进行答疑。

1.3 技术支撑工作准备

为适应特高压直流电网大规模建设需要，落实"总部统筹协调、省公司属地建设管理、专业公司技术支持"的建管模式，依据公司基建部、直流部下发的相关规章制度，各级管理机构将根据各自的分工和职责开展相关前期准备工作，其主要内容涉及以下几个方面。

1.3.1 成立组织机构

线路技术支撑工作采取"公司相关职能部门+工程建设部"两级管控、一体化运作模式。公司统一成立特高压工程建设技术支撑工作领导小组（简称领导小组），并下设办公室。

技术支撑工作领导小组由公司分管工程副总经理任组长，线路部、总经部、安质部等部门以及工程建设部技术支撑代表为工作组成员。公司线路部作为技术支撑归口职能管理部门，完善技术支撑工作运行机制，做实做细做精技术支撑工作组各项工作。

技术支撑工作领导小组建技术支撑专家组。考虑到当前大规模同期建设技术支撑资源力量不足，增强施工技术专家库力量，各工程由中标施工单位、监理单位报送一名副总工程师（总监理工程师）或具有具有同等技术水平的项目总工（项目总监），经国网直流公司审核按照各自专业特长组建专家组，由国网直流公司统筹安排参加特殊技术方案复核评审、现场安全质量协同监督检查、施工技术专题培训、技术创新科研课题研究等，促进技术支撑工作水平提升。

技术支撑工作领导小组作为国网直流部对工程建设管理延伸，承担专业技术统筹、管理支撑，发挥工程技术、安全质量、档案管理等方面的专业优势，加强与属地省公司沟通服务，落实工程建设领导小组的各项决策部署。

1.3.2 工作流程和职责

（1）工作流程。

1）管理策划：

a）支撑线路管理部参与前期可研及初步设计审查，了解工程特点、难点，围绕国家电网公司总部关注重点和建设、施工等参建单位弱点，有针对性地开展技术支撑工作。

b）线路管理部在工程开工前协助国家电网公司直流部编制工程建设管理总体策划，组织建设单位审定"一纲八策划"，制定《施工质量工艺标准统一规定》，组织各建设、监理、生产运行单位等召开专题会议审核后报国网直流部批准下发执行。

c）结合工程特点难点，线路管理部组织编写《技术支撑工作大纲》，报公司分管工程领导组织专题会议审定后下发，并报国家电网公司直流部备案。

d）工程建设部明确现场技术支撑代表，配合线路管理部开展技术支撑日常活动。

2）建设管理培训与交底：

a）线路管理部根据国家电网公司直流部的安排，开工前承担建设管理交底与关键技术培训策划。

b）根据国家电网公司直流部的安排开工前组织工程建设管理培训交底，线路管理部、综合部、安质部分别针对工程建设安全质量、档案管理、创优策划等方面进行培训交底。

c）线路管理部组织开展大截面导线压接等关键施工技术培训交底、标准化展放试点观摩。

3）施工技术创新：

a）线路管理部根据工程特点难点，在工程可研阶段，拟提出依托本工程施工创新技术研究及先进适用技术的应用与推广项目，编制可研报告，参加项目立项评审。

b）线路管理部承担牵头组织科研项目的技术研究，按照里程碑计划组织实施，组织召开中间推进会，保证项目按计划进展。在项目完成验收后，组织科技成果申报。

c）线路管理部受托组织开展"五新"试点及先进适用技术的应用推广，组织做好相应的总结工作。

4）过程重点监督与例行检查。线路管理部组织专家针对重大施工技术方案进行复核评审，对现场安全质量等重点环节协同监督检查。工程建设部按照分工承担相应安全质量措施落实督导工作。

a）根据国家电网公司直流部安排和属地公司需求计划，参与线路工程重大施工技术方案审查，并对执行情况按要求进行跟踪、抽查、评价。

b）根据公司总体安排开展项目管理及标准化开工专项检查；在基础、组塔、架线阶段开展工程质量、安全及环保水保、档案专项检查；在工程中进行安全安质量规定性检查；各类检查后及时提出专题报告。

c）收集各标段《输变电工程施工安全管理及风险控制方案》，跟踪、了解、分析工程四级及以上安全风险作业计划和实施情况，并在例行规定性检查中进行重点核查。

d）结合各种专项检查负责对施工工艺标准统一、特殊施工质量控制管控执行情况的跟踪与督查。

e）结合分部工程阶段考评情况及日常阶段检查情况，完成业主项目部、施工、监理等参建单位总体评价。

5）档案管理：

a）直流公司综合部在工程开工前明确工程档案管理整体部署及阶段工作要求，负责协助直流部编制《工程档案管理总体策划》，负责制订《工程档案整理指导手册》，参与档案管理培训，根据总部要求开展过程跟踪与指导。

b）线路管理部负责编制《工程技术资料填写手册》，参与档案管理培训，根据公司要求对建设过程档案进行跟踪与抽查。

c）工程建设部参与档案资料（包括数码照片）中间专项检查，并进行相关答疑工作。

d）综合部在工程竣工验收阶段，组织集中归档和档案移交工作；在国家电网公司办公厅的统一部署下,在直流部的组织协调下,编制档案验收迎检策划方案并组织迎检工作。

6)创优工作:

a)安全质量部在工程开工前提出工程创优整体部署及阶段工作要求。

b)工程建设部按照阶段工作要求,督促建设管理单位开展相关工作,落实阶段性成果目标。

c)线路管理部在工程竣工阶段,组织工程建设部参加竣工验收工作。

d)安全质量部在工程收尾工阶段,在直流建设部的统一组织协调下,负责组织国家电网公司、行业和国家优质工程申报的基础资料填报和迎检工作。

7)工程总结。线路管理部负责组织部分章节的编写,协助直流建设部牵头负责工程总结收集整理、审核。工程建设部承担相关章节的编写任务。

(2)工作职责。特高压直流线路技术支撑工作采取"公司相关职能部门+工程建设部"两级管控、一体化运作模式。技术支撑工作组成员代表各职能部门、工程建设部履行相应职责。

1)线路管理部主要职责。线路管理部作为公司线路技术支撑牵头部门,加强与总部直流部沟通,负责技术统筹、管理支撑工作的组织、统筹、协调、考核等职责。主要职责:

a)参与前期可研、初设审查、设计交底等工作,制定"一纲八策划"模板并组织审核建管单位编制的工程管理策划文件,编制技术支撑工作大纲,组建技术支撑工作组及专家组,制定月度技术支撑工作计划。

b)推进现场建设管理标准化,统一现场施工工艺质量标准,配合直流部组织开展建设管理交底与培训。

c)组织标准化开工检查、安全质量协同监督检查及现场重大风险点抽查。

d)参加直流部组织的工程例会、月度协调会,每月针对安全质量监督关键环节进行点评。

e)开展重大、特殊施工技术方案复核评审工作。受托承担关键施工技术的指导、培训。

f)督促总牵监理单位收集汇总工程进度、安全质量等工程信息,开展信息统计分析,编写各工程建设技术支撑月报。参加对施工、监理等参建单位考评。

g)受总部委托,组织开展施工创新等科研项目研究及新技术、新材料、新工艺成果推广应用。

h)参加竣工验收问题整改闭环工作的监督检查。协助直流部组织开展工程总结相关章节编写。

i)配合安全质量部、综合部开展工程创优策划、资料申报及工程档案资料等方面工作。对工程建设部现场技术支撑工作绩效进行考核评价。

j)承担国家电网公司直流部及公司领导安排其他重要工作。

2)安全质量部主要职责。负责工程整体创优的牵头组织和归口管理,工程总体创优指导、相关业务培训,负责审核、上报并对外沟通协调,负责迎检工作总体策划、协调和监督落实。组织开展环保、水保等专项竣工验收迎检工作。

3)综合管理部主要职责。负责工程档案工作的归口管理、指导,协助直流部开展工程档案总体策划，编制工程档案管理手册，组织开展档案管理培训，负责集中归档及档案移交工作，负责组织档案迎检工程。

4）工程建设部主要职责。工程建设部按照各自任务分工，作为技术支撑工作组的现场代表，代表直流公司承担对工程现场建设的安全、质量、技术等现场技术支撑具体工作，主要职责：

a）承担对工程现场建设的安全、质量、技术等现场技术支撑具体工作。

b）根据公司线路管理部下发月度技术支撑重点工作计划安排，制定现场技术支撑周工作计划。受邀参加省公司组织工程建设管理交底、培训与授课。

c）参加周例会、月度协调会，针对现场四级及以上施工安全风险按月度总体安排进行重点例行监督抽查，发现隐患问题及时上报。

d）根据线路管理部统一安排，参与重大施工技术方案复核，对重大施工技术安全措施督促落实。

e）参加标准化开工专项检查及基础、组塔、架线阶段工程质量、安全及环保水保、档案专项检查。

f）参加季度安全质量协同监督及例行检查，参加现场重要工器具安全监督检测。对施工工艺标准统一、特殊施工质量控制管控执行情况的跟踪与督查。

g）参与课题立项研究，开展QC科技攻关创新、成果申报及推广应用。

h）参加工程竣工验收，督促相关问题整改落实。参加对施工、监理等参建单位履约考评。

i）参加创优资料申报、工程总结等相关事宜。及时上报现场技术支撑进展信息。

j）承担公司领导及相关职能部门安排的其他重要工作。

5）专家组工作职责。为提高特高压直流线路现场安全质量技术支撑力量，增强施工技术专家库力量，各工程由中标施工单位报送一名副总工程师或具有同等技术水平的项目总工，经公司审核按照各自专业特长组建专家组，由公司统筹安排参加特殊技术方案复核评审、现场安全质量协同监督检查、施工技术专题培训、技术创新科研课题研究等，促进技术支撑工作水平提升。

1.3.3 工作机制

（1）在总部项目技术支撑任务下达后，由公司统一成立单项工程技术支撑团队，明确"公司相关职能部门+工程建设部"一体化运作模式职责分工。

（2）公司技术支撑领导小组不定期听取特高压线路技术支撑工作汇报，决定重要事项，协调解决技术支撑工作重大问题。

（3）工程建设管理培训交底前，公司分管工程领导主持召开线路技术支撑首次工作例会，审定技术支撑工作大纲及相关工作计划等。

（4）根据技术支撑工作大纲及三方协议，结合国家电网公司直流部月度工作安排和属地省公司需求，线路管理部制定并下发月度技术支撑重点工作计划，工程建设部据此分解执行。

（5）参加国家电网公司直流部组织月度工程建设协调电视电话会，线路管理部针对现场安全质量工作开展情况进行月度点评。

（6）线路管理部派员参加国家电网公司直流部组织每周电话协调会，技术支撑代表远程接入方式参会，掌握、了解和协助解决工程建设存在问题。

（7）工程建设部每半月编制单项工程现场安全质量分析报告，每月底增加技术支撑计划完成情况一并报公司线路管理部。

（8）线路管理部组织召开技术支撑工作月度例会。每月编制技术支撑工作简报（附现场安全质量分析报告），月底前报国家电网公司直流部、公司相关领导及职能部门。

（9）线路管理部会同工程建设部、总牵监理单位按规定要求设置工作台账，完成工程大事记编制工作。

1.3.4　考核与评价

（1）特高压直流线路技术支撑满意度调查由公司线路管理部每半年组织进行函调，汇总统计分析，发现技术支撑工作存在不满意项，查明原因并提高改进措施。

（2）线路管理部每月针对工程建设部承担技术支撑任务完成工作质量进行评价，评价内容包括月度技术支撑计划完成情况、信息统计报送质量、布置任务完成质量、工作协同配合满意度等方面。同时，针对相关职能部门技术支撑工作配合情况进行考核评价。评价结果纳入公司月度或季度绩效考核评价依据并报公司分管领导。

1.3.5　管理交底与培训

（1）工程建设管理及关键施工技术培训交底。考虑到目前属地省公司业主项目部借用人员普遍、从事特高压建管经验不足且专业单一、现场建管协调能力差异大，施工、监理技术力量薄弱，现场安全质量管理要求得不到有效落实，加大工程建设管理、关键施工技术培训、现场观摩及经验交流等十分必要。

（2）工程建设管理培训与交底。工程开工前配合国家电网公司直流部做好工程建设管理培训与交底策划方案，做好工程建设管理策划、技术支撑要求、统一施工工艺规定及质量控制要点、现场安全管控要点、工程创优策划、工程档案管理等方面标准化课件准备，配合国家电网公司直流部做好工程建设管理培训与交底，注重培训效果。

（3）大截面导线压接培训及展放试点观摩。协助直流部做好大截面导线压接培训及现场标准化展放试点观摩方案策划，组织专家组参加大截面导线施工关键技术培训及授课，牵头组织大截面导线压接培训及现场标准化展放试点观摩总结活动。帮助参建单位理解和消化 $1250mm^2$ 及以上大截面导线压接和展放施工架线施工的重点、难点，掌握大截面导线展放关键技术，为各单位编制现场施工技术方案和作业指导书提供指导，保证架线施工顺利进行。

（4）督导参建单位做好工程建设管理及施工关键技术二次培训。国网直流建设分公司作为特高压直流工程专业化技术支撑服务单位，发挥自身专业管理优势，督导业主项目部抓好工程建设管理及施工关键技术二次培训工作，跟踪落实参建单位二次培训工作进展，必要时组织专家组编制系列培训教材及标准化课件，指导帮助业主项目部、施工单位做好二次培训工作，提高培训实际效果。通过加强专业培训、现场观摩、阶段总结等，注重培训效果，提高人员素质，促进工程建设管理水平全面提升。

1.3.6 了解支撑工程特点

工作组应积极组织参与工程建设部的技术支持专责参加前期初步设计审查，收集、了解、掌握设计文件、工程特点难点等支撑性文件，为有针对性开展技术支撑工作做好前期准备。主要做好支撑工程的信息收集工作，对其重要交叉跨越、重大风险点、施工难点等信息进行收集。主要包括跨越 110kV 及以上电力线路、临近带电体、高速公路、电气化铁路、高铁、重要通航河流等，为科学制定技术支撑工作大纲及技术支撑重点工作计划提供依据。

1.3.7 对接属地公司需求

工作组应在工程开工前通过会议或其他形式召开和各属地公司的技术支撑前期工作会，通过会议形式和各省公司建管单位、属地业主项目部就即将开展技术支撑工程的技术需求细节进行确定《技术支撑计划》和技术支撑工作重点要求，为编制《技术支撑工作大纲》提供相关依据。

2 工程实施阶段

工程实施阶段是工程建设的重要环节，管理的精益化水平直接决定了工程安全质量的最终成效及创优的成果，是工程建设管理及技术支撑需要花功夫重点管控的重点阶段。工程实施阶段包括设计交底及施工图会检、施工方案审查、基础及铁塔组立、导地线展放、附件安装、护坡保坎排水沟等分部工程施工期间的安全质量管控、环保及水土保持管理、档案资料及数码照片管理等重点工作内容，涉及设计、施工、物资、监理、业主等参与工程建设的协同合作单位。

2.1 设计交底及施工图会检

2.1.1 设计交底

设计交底时间一般按照基础、铁塔组立、导地线展放及附件安装的分部工程开工前依序进行，也可按照整个工程一次进行，前提是分部工程或整个工程的施工图纸及总说明书已出版并已提交施工现场。设计交底由业主项目部组织，监理负责实施，设计主讲，施工单位负责落实。

（1）设计交底流程见下图。

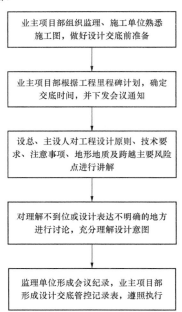

（2）设计交底形成的成果。

1）设计院完成设计交底纪要（盖设计单位章，有设计院红头）。

2）形成设计交底会会议纪录（由监理单位下发，附件为设计院提供的设计交底纪要）。

会 议 纪 录

工程名称：　　　　　　　　　　　　　　　　　　　　　　　　　　编号：

会议名称			
会议时间		会议地点	
会议主要议题			
组织单位		主持人	
参加单位		主要参加人（签名）	
会议主要内容及结论			

监理机构：（盖章）

总监理工程师：（签名）

日　　　期：

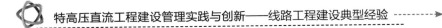

3）形成设计交底管控记录表。

设计交底管控记录表

工程名称：   编号：

工程名称	设计交底会			
会议日期及地　　点	会议日期：会议地点：			
参会单位				
交底主要内容				
会议纪要情况	**起草：日期：** 本纪要于　　年　月　日经签发			
纪要发放记录	接受部门（单位）	接收人	发放人	日期

2.1.2 施工图会检

施工图会检一般在设计交底之后择机进行，也可与设计交底同步进行，施工图会检由业主项目部组织，监理负责实施，设计、施工单位负责落实。

（1）施工图会检流程见下图。

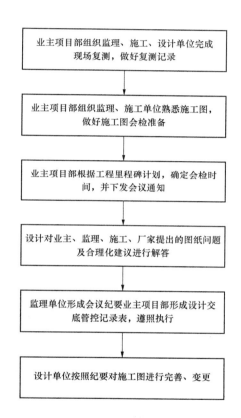

（2）施工图会检形成的成果。

1）形成会议纪要。

会 议 纪 要

工程名称：   编号：

会议名称				
会议时间		会议地点		
会议主要议题				
组织单位		主持人		
参加单位		主要参加人（签名）		
会议主要内容及结论				

监理机构：（盖章）

总监理工程师：（签名）

日　　　期：

2）形成施工图会检管控记录表。

施工图会检管控记录表

工程名称：

编号：

工程名称	施工图会检			
会议日期及 地　　点	会议日期：会议地点：			
参会单位				
会议确定 主要事项				
会议纪要情况	起草：日期： 本纪要于　　年　月　日经签发			
纪要发放记录	接受部门（单位）	接收人	发放人	日期
会议事项 落实情况	技术管理专责：　　　　　　日期： 质量管理专责：　　　　　　日期： 业主项目经理：　　　　　　日期：			

2.1.3 设计交底及施工图会检重点

（1）通道清理部分。通道清理主要是指线路走廊内需要清理的树木、经济作物、拆迁的房屋的数量及赔偿标准等内容。

通道清理在施工图会检过程中需要重点关注的问题（包含但不限于）如下：通道中的房屋、植被或经济作物类型及参数与设计文件是否相符；该地区的平均赔偿标准是否与设计标准相符。

对于通道内需要拆迁的房屋，需要在会检时确认：通道内房屋位置是否对应；房屋产权是否明晰；是否存在主房拆迁而配套辅房未拆；是否有只拆辅房且无法在主房旁再建，但主房又未做拆迁；通道中塔基距离塔基较近的是否有饲养场；其他需要注意的事项：沿线的矿产及其他设施赔偿是否已取得相应的拆迁协议，前期计列的补偿费用与实际需求的差异，主要的争议内容等。

（2）路径走向部分。对路径走向的会检主要目的是保证待施工的输电线路工程路径符合相关法律法规要求，保证路径实施过程中是通畅无碍可以实施的。

在施工图会检中主要关注的内容是：沿线政府及相关各级管理部门路径协议是否完善、齐全；可能影响路径的军事、航空、文物、林业、自然保护区、矿产对路径是否有影响；路径附近可能影响路径成立的各赔偿点的综合情况；路径成立方面是否有遗留问题；相关的专业评估或专题审批及相关的批复成果材料等相关资料。

（3）电气部分。在电气施工图会检前，需要开展的前期工作主要有：一是业主组织施工、监理单位对照《平断面单位图》进行仔细的复测，检查现场数据是否与设计图纸相吻合，记录差异点及改进建议；二是在业主组织设计交底及施工图会审前，监理、施工单位需认真阅读施工图及相关的说明，领会设计意图及设计原则，提出合理化建议在施工图会检中，进行讨论确定。

重点对今后施工的安全、质量、进度及工程创优等方面有影响的关键点进行重点关注，切实将可能对今后施工带来影响的技术因素消灭在开工前。

1）总说明书及附图审核重点：

a）初步设计审查意见的落实情况，是否有特殊要求；

b）针对施工图路径，相关的政府、规划方面的路径协议是否完善；

c）沿线有无需要特别注意的敏感问题，有哪些特殊注意事项。

2）机电设计部分审核重点：

a）对有重冰区的工程，需要特别关注重冰区段线路的导、地线安全系数的设置，及重冰段的特殊施工要求；

b）对林木密集区采用的处理方式和手段，对风偏情况下树木的处理原则，果树等的处理原则；

c）房屋拆迁所采取的设计原则。

3）塔位明细表及塔位平断面定位图审核重点：

a）房屋、林木是否有位于临界处理条件的，提出后和设计商议处理，原则是为通道清理创造良好条件；

b）各型杆塔的数量及呼称高是否与《设备材料表》一致；

c）在明细表说明中，特殊要求能否实施，且与工程创优相关要求是否有冲突；

d）有无风偏开方和低压输电线路的改迁的情况，其位置是否明确，工程量是否满足处理要求，有无特殊处理要求；

e）有无绝缘子串倒挂的说明。

4）机电施工图审核重点。需要核对导、地线应力和弧垂特性表、导、地线架线张力和弧垂特性表是否按《总说明书》中不同的安全系数和气象组合情况进行计算。

5）绝缘子金具组装图审核重点：

a）说明明确不同串型与塔型配合要求，避免挂点和挂点金具不匹配的情况；审查杆塔图纸时就需提前审查挂点金具与杆塔的配合情况；

b）需要关注绝缘子串组装图中非标金具的零件图是否齐全。

6）设备材料表审核重点。各种主要设备的技术参数与相关文件中的参数一致。

（4）结构部分。在基础、铁塔施工图会检前，需要开展的前期工作主要有：一是业主组织施工、监理单位对各塔位对照《铁塔及基础明细表》进行仔细的复测，检查现场数据是否与设计图纸相吻合，记录差异点及改进建议；二是在业主组织设计交底及施工图会审前，监理、施工单位需认真阅读施工图及相关的说明，领会设计意图及设计原则，提出合理化建议在施工图会检中，进行讨论确定。

重点对今后施工的安全、质量、进度及工程创优等方面有影响的关键点进行重点关注，切实将可能对今后施工带来影响的技术因素消灭在开工前。

1）基础施工图部分：

a）塔位处障碍物因素影响。塔位或某个基础有无占用机耕道、乡村公路、鱼塘、水塘、农田灌溉设施，及塔位或某个基础有无位于房屋处，需待房屋拆迁后才能施工等因素，若有需提请设计移动塔位予以避让。

b）地形因素影响。塔基断面地形图测量有误，导致基础埋入地面以下或基础立柱露出地面较高，埋入过低需调整基础型号，露出太高需调整铁塔长短腿，山区地形基础立柱露出地面高度不宜超过3.0m。

c）地质因素影响。每基塔位应用可靠手段勘探出塔位的准确地质资料，困难塔位及地质复杂塔位特别是位于喀斯特地貌需提供柱状图，避免基坑开挖后地质条件变化或发现溶洞造成基础型式或塔位改变而延误工期。

d）环水保因素影响。山区塔位有无采用全方位铁塔长短腿，以减少土石方开挖量保护塔基环境、维持塔基稳定，同时可大大降低施工风险保障施工安全、加快施工进度，坡地较陡的塔位除采用铁塔长短腿外应结合基础立柱不等长加以调节，避免造成高陡边坡形成安全隐患。

e）施工弃土因素影响。施工弃土处理有无明确的要求，特别是山区塔位的施工弃土外运指定地点堆放、坡地较小的塔位就地探薄夯实堆放、修筑保坎堆放等措施进行处理在现场能否实施。平地塔位、位于农田的塔位、位于经济作物林的塔位是否根据施工余土量计算出基础露高堆放在塔基征地范围内，避免占用农田造成二次征地。

f）基础型式因素影响。综合考虑塔位的具体地质、地形、经济等因素合理设计基础型式，如位于陡度较陡的塔位不宜设计大开挖基础，位于地下水丰富的砂类地基易形成流砂坑的塔位不宜设计深埋基础。避免施工工作量的增加和施工工期的延长。

g）基坑开挖因素影响。对需采用人工开挖、能否实施爆破作业及放炮程度有要求的塔位有无明确说明。

对采用人工开挖的基坑一定要有明确的防护措施，边坡放坡要提供放坡坡度、分级放坡的高度及必要的防护措施；原状土基础要有通风、护壁、防雨水浸蚀造成坍塌等措施、地下水丰富的塔位基础开挖要有可靠的防坍塌措施。

h）钢筋间距因素影响。钢筋间距是否影响混凝土浇筑及振捣，钢筋间距过小影响混凝土浇筑及振捣质量，间距过大影响混凝土强度、混凝土易开裂。

i）钢筋笼变形因素影响。钢筋笼的刚度是否满足施工要求，在绑扎、运输、吊装、混凝土浇筑过程中是否会发生变形。

j）灌注桩（人工挖孔桩）检测及接桩因素影响。有无明确的桩基检测要求，若需接桩有无明确接桩位置及措施。

2）铁塔施工图部分：

a）对主要术语的理解。正确理解定位高差、接身呼高、接腿长度、铁塔半根开、基础根开等在图中表达的含义，并与基础相关数据对照检查，特别是对采用了全方位长短腿的塔位，同一塔位的各腿基础根开须根据各腿长度与接身高确定的呼称高对照《基础根开表》以确定该腿的基础半根开，避免现场发生相互不对应，造成返工。

b）导地线挂点检查。对照电气部分金具认真检查铁塔的导地线、跳线挂点的孔径、间距是否与挂线金具相匹配，避免发生碰撞或穿不上的问题。

c）螺栓相碰检查。重点检查挂点附近、横担与塔身连接部分、组合角钢主材连接部分等螺栓连接较为密集的部位，看螺栓在空间中是否会相碰，若有需进行修改，避免铁塔现场组装时产生困难，从而影响工期。

d）铁塔与基础的连接检查。重点检查塔脚板的尺寸与对应的基础尺寸是否相匹配，特别是地脚螺栓采用了偏心设计的基础，避免塔脚板靠近基础边缘或露出基础外，为今后的保护帽施工带来困难。

e）施工孔检查。根据自身的铁塔组立方式，检查设计预留施工孔的位置、孔径、数量等是否满足施工的需要，若有差异需提请设计修改和增加。

f）接地孔检查。检查接地孔的位置是否满足接地引下线的工艺要求，是否会与塔脚板相碰，造成贴合不紧密，避免创优检查时返工。

g）平衡张力检查。根据自身制定的架线施工方案，临时拉线平衡的张力是否与设计提供的一致，当有特殊要求时需请设计人员对铁塔提早进行验算补强，避免在架线时给施工布置带来困难。

h）构件长度检查。检查设计在施工图中给定的最长构件，是否满足本标段大运、小运的要求，若有影响应提请设计减短长度，避免运输上造成安全隐患。

ⅰ）标识牌连接孔检查。对照运行提供的塔号牌、相序牌、警示牌等标识牌的孔径、间距检查是否与设计图纸相符，避免出现差异导致现场安装不上。

ⅰ）铁塔试组装检查。每种塔型在批量加工前均需须进行试组装，以检查整塔尺寸、连接构件尺寸及基础根开的准确性，对结构复杂的塔型或段落要求采用立式试组装。如有问题应及时采取措施解决，以保证现场安装的顺利进行，监理、施工单位一定要参加试组装检查。

k）对塔材运输的打捆、包装要提出明确的要求。

2.2 施工方案审查

基坑开挖超过 15m 的基础、爆破作业、索道运输、铁塔组立、架线及重要跨越（大跨越、跨越高速公路、铁路、通航河流、110kV 及以上线路、二级及以上干线公路）等重大施工方案，在施工单位自审、监理初审、业主项目部组织评审的基础上，需由直流部或委托直流公司组织专家进行专项评审，以确保重大施工方案的安全质量措施满足规程规范、企标、导则及国家电网公司的相关管理要求。

2.2.1 施工方案审查流程图（见下图）

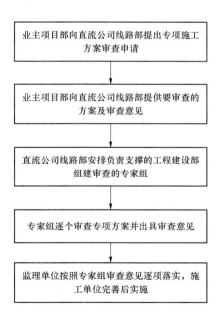

业主项目部向直流公司线路部提出专项施工方案审查申请

↓

业主项目部向直流公司线路部提供要审查的方案及审查意见

↓

直流公司线路部安排负责支撑的工程建设部组建审查的专家组

↓

专家组逐个审查专项方案并出具审查意见

↓

监理单位按照专家组审查意见逐项落实，施工单位完善后实施

2.2.2 审查形成的成果

专 家 论 证 报 告

编号：

工程名称	×××工程（×××段）×××标段		
总承包单位（章）		项目负责人	
分包单位		项目负责人	
专项方案名称	×××施工方案		
专家一览表			
姓名	工作单位	职称	专业
专家论证意见： （专项方案内容是否完整、可行；专项方案计算书和验算依据是否符合有关标准规范；安全施工的基本条件是否满足现场实际情况等） 论证结论：□同意通过　　　□按专家意见修改后同意通过　　　□修改后重新审查			
专家签名	组长： 专家： 　　　　　　　　　　　　　　　　　　　　　　年　月　日		

2.2.3 基础施工方案审查要点

目前线路基础常用有原状土基础、大开挖基础、灌注桩基础等基础种类，每种基础型式根据地形、地质条件的不同，又细分成不同的型式，比如原状土基础可分为掏挖基础、人工挖孔基础、岩石基础等，连接方式的不同又分为直掏挖和斜掏挖等；大开挖基础又分大板基础、台阶基础、重力基础等；灌注桩基础又分单桩、承台桩、连梁式桩等基础型式。

在编制基础施工方案前首先要熟悉本段使用的基础型式和地形、地质特点，了解设计意图和施工图纸，组织设计施工图交底和施工图会检，只有在熟读施工图纸和熟悉地形、地质特点后，才能编制符合工程特点、有针对性的基础施工方案。

基础施工方案审查首先看是一般施工方案还是专项施工方案，编审批是否满足国网公司的最新管理要求。一般施工方案由施工项目部技术人员编制，经项目部安全、质量管理人员和项目总工审核，报施工企业技术负责人批准后经监理项目部专业监理工程师审核、总监理工程师批准后实施；日期签署符合逻辑性，并需附上施工单位的审查意见及监理的审查意见，封面需盖施工单位的印章，最好在签署页附上签署人的岗位职务。专项施工方案一般为爆破施工和灌注桩施工（个别送变电公司也具备灌注桩施工资质，可按一般施工方案审查），为专业分包施工，需满足专业分包的管理要求，首先要查看有无专业分包合同及分包安全协议（在分包检查中细述），专项施工方案需由分包单位的技术负责人编制，施工承包单位的安全技术管理部门负责人组织审核并在审核栏中签字，由施工单位的主管生产经理或总工审批，并需附上施工单位的审查意见及监理的审查意见，封面需盖施工单位的印章。

各型基础施工方案（含环水保）审查，重点审查方案的可行性、安全性、计算的准确性、工器具选择的安全性和合理性、安全及质量控制要点、施工组织的科学性及合理性等，按照各型基础的特点具体开展审查。

原状土基础施工方案重点审查施工总平面布置、开挖方式、护壁施工、坑口锁扣、提土方式、钢筋保护层厚度、钢筋笼制作、钢筋连接、混凝土配合比、混凝土塌落度、试块制作、人员上下安全措施、深孔的有害气体检测及送风、弃土堆放及外运、转角塔预偏取值及施工组织、安全质量、环水保、应急预案控制措施等是否满足设计、规范、安全、强条及质量通病防治要求。

大开挖基础施工方案重点审查施工总平面布置、开挖方式、放坡、坑壁支护、模板验算及制作、钢筋制作、钢筋连接、混凝土配合比、混凝土塌落度、试块制作、脚手架搭设及人员上下措施、施工用电、弃土堆放及外运、转角塔预偏取值及施工组织、安全质量、环水保、应急预案控制措施等是否满足设计、规范、安全、强条及质量通病防治要求。

灌注桩基础施工方案重点审查施工总平面布置、钻孔方式、泥浆制作及护壁、抽渣清孔措施、混凝土泵送、钢筋笼制作、钢筋连接、混凝土配合比、混凝土塌落度、试块制作、泥浆沉淀、转角塔预偏取值及施工组织、安全质量、环水保、应急预案控制措施等是否满足设计、规范、安全、强条及质量通病防治要求。

2.2.4　索道运输方案审查要点

索道运输是一种将钢丝绳架设在支撑结构上作为运输轨道，用于输电线路工程临时性运输物料的简易运输系统，由承载索、返空索、牵引索、驱动装置、支架（中间支架）等部分组成，根据地形、运料、气候等条件可分为单跨索道、多跨索道等具体形式；根据运输量的大小可分为单索、多索等具体形式。

索道运输方案审查首先看编审批是否满足国家电网公司的最新管理要求。施工方案由施工项目部总工编制、由施工单位的工程安全技术管理部门负责人审核、由施工单位的主管生产经理或总工审批，日期签署符合逻辑性，并需附上施工单位的审查意见及监理的审查意见，封面需盖施工单位的印章。

其次审查根据工程特点设计的具体布置型式，依据其平面及立体布置图检查布置是否合理、是否是直线布置、若有转角是否最大转角已超过 12°、单级索道的长度有无超过 3000m、单跨索道的跨距有无超过 1000m、多跨索道相邻支架的最大跨距有无超过 600m 及弦倾角有无大于 45°、多跨索道中间支架有无超过 7 个、中转场选择是否合理等前提条件是否满足导则的基本要求。

按照方案确定的最大运输荷载及地质条件审查承载索、返空索、牵引索、支架、地锚及连接件的受力计算是否正确，根据受力结果选择的相应构件是否满足相关规程及安规规定的安全系数。

最后审查施工组织、安全措施、环水保、应急预案控制措施等是否满足相关的要求。

2.2.5 铁塔组立施工方案审查要点

铁塔组立目前常用的方式有内悬浮抱杆、落地摇臂抱杆、起重机分解组塔等主要形式，内悬浮抱杆又分外拉线和内拉线两种形式。内悬浮抱杆主要用于山区地形塔位的铁塔组立，落地摇臂抱杆主要用于平地或交通运输条件较好的山地或丘陵地形塔位的铁塔组立，起重机组塔主要用于平地、交通运输条件较好的地形塔位的铁塔组立。起重机分解组塔的风险系数最低，落地摇臂抱杆分解组塔次之，内悬浮抱杆分解组塔的风险相对较高，在有条件的塔位应优先考虑起重机分解组塔作业方式。

在编制铁塔组立施工方案前首先要熟悉本段使用的铁塔型式和地形、地质特点，了解设计意图和施工图纸，组织设计施工图交底和施工图会检，只有在熟读施工图纸和熟悉地形、地质特点后，才能编制符合工程特点、有针对性的铁塔组立施工方案。

铁塔组立施工方案（含环水保）审查，重点审查方案的可行性、安全性、计算的准确性、工器具选择的安全性和合理性、安全及质量控制要点、施工组织的科学性及合理性等，按照各种组塔的特点具体开展审查。

铁塔组立施工方案审查首先看编审批是否满足国家电网公司的最新管理要求。施工方案由施工项目部总工编制、由施工单位的工程安全技术管理部门负责人审核、由施工单位的主管生产经理或总工审批，日期签署符合逻辑性，并需附上施工单位的审查意见及监理的审查意见，封面需盖施工单位的印章。

内悬浮抱杆外拉线组塔施工方案按照确定的最大吊装荷载及地质条件重点审查抱杆、承托绳、拉线、起吊绳（包括起吊滑车组、吊点绳、牵引绳等）、转向控制绳、地锚及连接件的受力计算是否正确（注意在计算中需考虑风荷载的影响），根据受力结果选择的相应构件是否满足相关规程及安规规定的安全系数。其次审查平面布置是否合理，起吊抱杆是否有受力计算，升抱杆及拆除抱杆是否符合导则规定的流程。最后审查施工组织、安全措施、环水保、应急预案控制措施等是否满足相关的要求。

内悬浮抱杆内拉线组塔施工方案审查要点同内悬浮抱杆外拉线组塔施工方案，还需关注多次转向连接的可靠性和受力连续性，建议实际吊重按照方案确定吊重的 80% 实施。

落地摇臂抱杆组塔施工方案审查要点同内悬浮抱杆外拉线组塔施工方案，还需关注抱杆立柱的长细比计算、与铁塔节点的连接的可靠性及连接构件的受力计算，长细比建议控制在 120 以内。

起重机组塔施工方案重点审查依据不同型号起重机确定的吊重进行起吊钢丝绳受力计算，根据计算结果选择的钢丝绳规格及连接构件是否满足相关规程及安规规定的安全系数。根据现场布置验算吊臂长度及仰角是否在起重机的安全范围内。

2.2.6 架线施工方案审查要点

组织架线施工方案审查时，应从设计参数、施工方案、风险分析及应急方案等几方面进行重点关注。

（1）需要关注的设计文件内容：导地线的类型、基本参数、地形地貌情况、安全系数、架线区段的设计气象条件，另外还要注意相关的特殊说明和要求。

（2）评审施工方案时应注意内容：

1）架线使用的方案形式是否合理；方案中所有受力工器具的受力计算是否准确，安全系数取值是否合理。

2）方案中的通信方式及设备配置是否合理；安全关键点和控制观测点的配置合理。

3）交叉跨越情况及计划处理方案，并重点审核相关方案的安全措施及工器具配置。

4）现场危险源辨识和风险等级的计算是否合理。

5）应急方案编制是否覆盖已知危险点，处置措施是否合理。

2.2.7 交叉跨越施工方案审查要点

交叉跨越施工方案主要是指当输电线路在进行架线施工时遇见公路（高速公路）、铁路（高速铁路）和各电压等级输电线路（通信线路）时进行交叉和跨越时的施工方案。对交叉跨越施工方案的评审重点要做好以下工作。

（1）交叉跨越施工的相关手续是否完善，是否已获得被跨越物主管单位的同意并办理完成相关书面手续。

（2）根据现场地形地貌及被跨物交叉点的情况选择的跨越方式的论证，是否具有针对性和可行性。

（3）结合被跨越物主管部门给定的"窗口期"，所编制的交叉跨越实施方案是否具有可行性。

（4）交叉跨越施工方案中各种工器具资料的选择论证是否合理，特别是对于跨越架（网）的材质选择是否合理。

（5）跨越架（网）架设过程的人员、机具配置、防倾覆措施及应急方案是否完善合理。

（6）跨越架设置后的施工期间的空间距离是否满足相关规程规范的要求。

（7）交叉跨越施工过程中的所有受力工器具计算和选择是否正确，安全系数取值是否合理，地锚埋深及其拉线系统计算是否考虑了极端条件。

（8）跨越架的组装、拆卸过程和安全要求是否清晰明确，且满足相关工程规范要求，所使用到的工器具是否经过验算。

（9）交叉跨越施工方案中整个的跨越系统防感应电、防雷击系统是否设置，且满足安全接地的相关要求。

（10）交叉跨越施工方案中的应急措施和安全防护措施、日常监护管理措施及警示系统是否完善合理，满足施工要求的同时也能满足其他系统的相关规范要求。

2.3 现场安全质量检查

现场检查是技术支撑的一项重要工作内容，重点检查施工方案、安全文明施工、标准工艺、强条、通病防治及国家电网公司的管理要求在现场的落实情况，检查现场有无行为违章、装置违章、指挥违章，检查现场隐患排查治理情况，发现问题及时指出并限期整改，在规定的时间内将整改结果上报检查组或检查人，问题严重的应要求现场及时停工进行整改，确保施工现场的安全质量始终处于可控、能控、在控状态。

2.3.1 检查流程

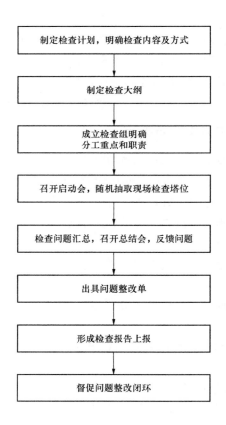

2.3.2 检查形成的成果

（1）标准化开工及协同监督检查形成的成果。标准化开工检查、协同监督检查由总部直流部、安质部、基建部及国网直流公司按季度组织开展，形成的成果按以下标准格式：

1）报安质部的整改单。

电网工程建设安全检查整改通知单

检查组织单位：国网直流公司   编号：线路部［20××］–0×–0×–0×

被查项目	××工程××标段	业主项目部	××线（××段）
被查地点	随机抽查了 N××、N××、N××施工作业点、施工×队驻地等现场，检查了××标段业主、监理、施工资料	施工项目部	××公司××线××段施工项目部
检查时间	20××年××月××日	监理项目部	××监理公司
检查范围和内容	按检查大纲的主要内容填写		

序号	发现问题（照片另附）	整改要求	整改期限
1	N××塔位———	按××整改完善	×月×日之前
2			
3			

全部整改时间	自20××年××月××日至 20××年××月××日

检查人员签名		被查单位负责人签名	
组长		业主项目部	
成员		施工项目部	
		监理项目部	
检查组织单位	电话： 传真：	业主项目部	电话： 传真：

2）报直流部的整改单。

×××±×××kV 特高压直流输电线路工程

（阶段检查）检查通报

××标施工（业主、监理）项目部（××××公司）：

一、总体情况

20××年××月××日-××日，第××检查组随机抽查了 N×××、N×××、N×××施工作业点及××队施工驻地、检查了施工（监理、业主）资料。

检查总体情况简介（按照主要检查内容填写）。

亮点：

1. ××××××

二、存在的问题

1. ××××××

三、整改要求

请施工项目部××日内完成上述问题整改闭环，报备直流部。

检查组（签名）：

业主项目部/监理项目部/施工项目部（签名）：

20××年××月××日

3）问题整改回复单。

a）给安监部的整改回复单：

电网工程建设安全检查整改回复单

检查组织单位：国网直流公司　　　　　　　　　　　　　编号：线路部［20××］–0×–0×–0×

整改完成情况（不够可另附页，整改后照片请附后）：			
整改单位负责人签名			
业主项目部		时间	年　　月　　日
监理项目部		时间	年　　月　　日
施工项目部		时间	年　　月　　日
检查组长审核意见：			
签名		时间	年　　月　　日

b）给直流部的整改回复单：

国网直流部协同监督检查整改回复单

工程名称		整改单位	
按照检查××工程协同监督检查通报，我们认真组织了整改闭环，整改情况如下：			

问题编号	问题描述	整改期限	整改结果 （后附照片）	整改完成时间	责任人

监理项目部复查意见： （给出明确意见、盖章） 			
复查人（或委托人）签字		复查日期	

业主项目部复查意见： （给出明确意见、盖章） 			
复查人（或委托人）签字		复查日期	

4）检查通报。检查结束一周内形成报安质部、直流部的两份检查通报，内容应包括：检查基本情况、总体评价及主要问题、现场安全质量管理典型经验、下一步工作建议及附件问题清单等内容。

5）监理、施工单位考核情况。

a）监理单位考核情况：

×××工程20××年×季度协同监督检查
监理单位考核情况

一、监理单位考核得分汇总表

序号	单　　位	考核得分
1		
2		
3		

二、考核评价明细表

单位	评分项	评价依据	扣分
××监理（　分）	项目部组建及履职（20）		
	项目管理（20）		
	设计管理（10）		
	安全管理（20）		
	质量管理（20）		
	造价及技术管理（10）		

b）施工单位考核情况：

×××工程 20××年×季度协同监督检查
施工单位考核情况

一、施工单位考核得分汇总表

序号	单　位	考核得分
1		
2		
3		

二、考核评价明细表

单位	评分项	评价依据	扣分
××公司（×分）	项目部组建及履职（20）		
	项目管理（20）		
	安全管理（20）		
	质量管理（20）		
	造价及技术管理（20）		

（2）其他检查形成的成果。其他检查包括日常巡查、飞行检查、"四不两直"检查、专项检查及直流部临时组织的督查等，检查结束后以 PPT 形式进行问题反馈，一般不出具整改通知单，若要出具整改通知单可参照协同监督检查的模式。

检查前具体负责支撑的工程建设部要收集本月的施工现场重大风险点，并据此制定检查计划和重点，检查完后汇总本月检查情况形成月度技术支撑工作报告。

a）重大施工风险点月度统计表：

××标段风险点施工情况统计表（20××年×月）

序号	计划施工时间	施工所属地区信息	基础施工、铁塔组立阶段					导地线展放施工阶段			
			临近带电体			高陡边坡施工		重要交叉跨越（铁路、高铁、高速公路、带电电力线）			
			塔位编号	最近距离	带电体情况（风险等级）	塔位编号	实测坡度	跨越档两侧塔位号	该放线段长度及过滑车数量	跨越物情况（风险等级）	计划跨越施工方式
1											
2											
3											

b）月度技术支撑工作简报：当月技术支撑工作按计划完成后，及时进行总结，形成月度技术支撑工作简报，在每月 25 日前上报公司线路管理部。月度技术支撑工作简报应包括技术支撑开展情况简述、发现工程亮点及安全质量存在风险问题（附照片）、下月技术支撑重点工作安排、建议等内容。

2.3.3 检查准备

首先要了解工程的地形、地质、气候、运输条件等工程特点，了解设计条件（导地线型号、设计风速、冰区分布）并熟悉施工图，参与设计交底及施工图会检，明确设计意图、关键点及风险分布，为现场检查做好前期工作准备。

一是定期收集沿线各施工标段的重大风险点施工计划，制定月度重点支撑工作计划，有序开展现场检查工作，增强技术支撑的计划性。二是通过与沿线各属地公司常态化的工作对接来了解不同的支撑需求，将技术支撑工作主动融入到各属地公司的日常工作安排中，充分利用现有人员、专家从技术方案审查、风险管控、档案专项指导、宣传报道培训、科技创新研讨等方面扎实开展工作，增强技术支撑工作的目的性。三是认真分析各标段施工安全质量工艺管理水平，对管控水平相对较差的标段开展差异化、多频度的支撑检查，起到以点带面的效果，增强技术支撑的针对性。四是根据基础施工阶段、铁塔组立施工阶段、架线施工阶段制定有针对性的检查方案及检查大纲，突出检查重点，增强技术支撑的准确性。

2.3.4 检查方式及检查内容

检查主要有国家电网公司总部组织的标准化开工检查、季度协同监督检查、四不两直检查、专项检查和不定期巡查等方式，检查采用听取汇报、座谈、施工作业点随机抽查、数码照片及视频影像的对应检查、无人机高空巡查等手段。每次检查后应认真进行总结，不断丰富检查方式和手段，增强检查的实效性，促进工程建设安全质量工艺水平稳步提升。

（1）标准化开工检查。标准化开工检查主要针对现场各管理段的业主项目部、监理项目部、施工项目部，检查其各自项目部在其职责范围内的相关工作手续是否履行完善的检查。按照不同的项目部职责范围，各自的开工检查重点（包含但不限于）分别如下。

1）业主项目部：

a）组建业主项目部，并报国家电网公司备案。

b）项目经理的任职资格满足要求，安全专责、质量专责等主要管理人员培训合格，持证上岗。

c）建立安全培训准入机制，建立管理台账，做到主要管理人员和施工技能人员持证上岗，实行动态管理。

d）合同及安全协议书签订完毕，手续合理合法；按照线路工程甲供物资属地化管理原则，签订基础插入角钢、地角螺栓供货合同。

e）成立工程建设项目安委会，建立工程建设项目安全管理保障体系和监督体系，报直流建设部备案。

f）已组织相关单位进行施工图交底及会检，设计交底有书面交底材料，内容应结合工程实际，突出特殊技术要求和注意事项。

g）管理和策划文件编制完成，能够结合工程管理区段的特点，且满足工程建设管理大纲的各项要求。

h）已根据项目里程碑计划编制工程进度一级网络计划，二级、三级网络计划已报批并满足工程进度计划的要求。

i）工程试点完成总体策划，明确建管区段和施工标段的试点及总结要求。

j）工程建设许可、施工许可等必要开工许可手续的办理完成；并在施工地（电监会）开工报备。

k）建立工程应急领导组织机构，报备总部。

2）监理项目部：

a）编制完成《监理规划》《监理实施细则》等监理策划文件，并完成环保、水保监理规划、监理细则编制。

b）监理项目部的资源投入情况满足国家电网公司相关要求，特别是地形条件复杂的山区。

c）监理人员资质：总监理工程师应具有国家注册监理工程师或电力行业总监理工程师证书，并与其单位建立正式劳动合同关系（劳动合同有效期自投标截止日起不少于3年）；其余监理人员资质也满足国家电网公司相关规定。

d）现场办公条件及相关资源投入是否满足工程需要，并符合投标承诺。

e）编制有针对性、具有可操作性的工程质量监理旁站方案、质量通病防治控制措施。

f）试验室管理是否现场实地确认材料复试试验室资质、能力情况，并明确监理意见。

g）监理公司是否组织对监理部全员进行交底培训、考核到位。

h）监理部是否建立安全准入台账，总监、副总监、总监代表、安全监理师、质量监理师、监理站长、监理员等是否按规定完成了安全准入培训；及时完成监理见证人员报备工作。

i）核查总体及分部开工条件，各类报审表相关审批、审查意见是否明确。

3）施工项目部：

a）组建施工管理体系，并将管理制度、人员相应资质等报监理单位审查、建设管理单位批准。

b）编制有针对性的《项目管理实施规划》，报监理单位审核、建设管理单位批准。

c）按线路长度以不大于 40km 的标准，分别设置一名专职安全员和专责质量员，各施工队按"同进同出"要求配置人员，且每个作业点设置一名兼职安全员。

d）施工项目部已建立安全准入台账，记录各级现场管理人员是否在本工程按规定经过了培训。

e）编制有针对性的《施工安全管理及风险控制方案》《施工安全固有风险识别、评估、预控清册》。

f）按照应急方案，针对施工现场可能造成人员伤亡、重大机械设备损坏及重大或危险施工作业等危险环境进行事故预防和应急处置演练。

g）施工单位主要施工机械、施工器具已经报审批准。

h）施工主要材料、试验室资质、试验报告、计量器具等报审，并经监理业主批复可用。

i）已编制完成施工方案（措施）能够针对工程实际编写，关键技术指标与工程实际是否相符。

j）分包计划、分包内容及分包合同应报监理单位审核，建设管理单位批准。

k）按照"同进同出"管理办法建立现场机制，并已将"同进同出"人员上报业主备案。

l）按规定进行了三级安全、质量、技术全员交底，记录齐全。

（2）协同监督检查。根据国家电网公司安质部、基建部、直流部关于安全质量协同监督检查有关要求，受直流部委托每季度组织现场安全质量协同监督检查。

a）每季度组织协同监督检查前，公司线路管理部组织编制现场安全质量协同监督检查方案，报公司分管领导、直流部审定后执行。

b）原则上采取打破工程界限，检查专家组以省为单位开展的交叉互查，检查采取"听取汇报、查阅资料、现场抽查、整改落实、总结提高"方式，由各组信息汇总后形成单个工程的报告。见附件 5 现场安全质量协同监督检查通报。

c）参加检查专家成员应从单项工程施工专家组名单中选取，每个小组不少于 5 人。各省交叉方式、组长、报告编写负责人、检查大纲由公司线路管理部在检查开始前确定。

d）检查原则上每个施工标段 1 天（涵盖业主、监理、施工），资料检查宜集中进行，现场检查分组进行。各组组长负责落实具体行程安排。

e）每次检查之前，公司线路管理部组织召开首次启动动员会，针对检查方案、检查大纲、检查程序、行程安排、工作纪律等方面进行培训动员，由公司分管领导主持会议，明确检查统一尺度标准。

f）各检查组在侧重安全检查的同时，一并开展相应质量问题检查，每个标段现场检查 3 基。注重安全风险大的作业现场，同时兼顾施工现场例如组塔、架线现场必查，新开工程应将项目部、材料站纳入检查范围。

g）形成正式专家意见之前，检查组应内部沟通，统一意见，问题要清晰明了，必要时要将依据说明。统一意见先由各组组长统筹确定，再与被检单位交流，最后形成最终意见，并即时签字下发。

h）报告编写负责人要根据其他组提供的材料进行汇总，提出工程总体亮点、总体不足。

i）综合评分：各检查组完成检查任务后，要按照直流部要求，对相关监理、施工项目部进行综合打分。打分参考"直流线路〔2012〕207 号"文件扣分标准。具体打分要结合本次检查情况对应扣分，分出一等、二等、三等。各组打分结果也一并汇总到报告编写负责人，由报告编写负责人按工程汇总监理、施工综合打分结果。

（3）四不两直检查。采取突击抽查的方式，重点抽查现场的重大风险点及管理水平相对较薄弱的标段，一般不提前通知，确定检查当天电话通知被检查业主项目部，同时专家组抵达目标所在地，当天开始现场检查活动。检查组现场与被检单位沟通反馈，形成检查记录。

重点检查以下内容（但不限于）：

1）各级领导安全管理主要精神落实情况。

2）各级各类人员到岗到位情况；

3）人员、资源投入情况；

4）安全交底与技术交底情况；

5）安全风险公示与管控情况；

6）安全措施执行情况；

7）现场文明施工情况；

8）机械设备和工器具使用情况；

9）施工方案和作业指导书执行情况；

10）防灾避险与应急管理情况；

11）"同进同出""单基策划""工作票制度"落实情况；

12）监理旁站监督工作情况。

（4）复工检查。重点检查工程节后复工必须满足的"五项基本条件"：

1）业主、监理、施工项目部主要负责人，安全管理、技术管理人员，施工负责人、专兼职安全员作业现场到位。

2）业主项目部主持召开复工前"收心"会，全面掌握复工作业内容，保证施工作业力能配置完备，完成施工作业安全风险动态评估、落实各项安全保障措施后，下达"复工令"。

3）施工机械和安全防护设施经检查完好，组织并记录作业环境踏勘结果，与停工前存在较大变化的已完成专项措施制定。

4）完成新入场人员安全教育培训，剔除培训考试不合格人员，再培训情况有记录，入场考试未通过人员流向清晰。

5）作业人员熟悉施工方案和作业指导书，完成复工前的全员安全技术交底和签字。

（5）分包安全管理专项检查。分包分为专业分包和劳务分包两种形式，分包管理遵循"统一标准、动态管控、谁发包谁负责"的原则，全面落实施工企业分包管理主体责任、项目监理分包监督把关责任、建设管理单位分包监管责任、省级公司分包统一管理责任，确保分包依法合规、管控到位、不留死角。

1）分包资质检查。资质必须符合国家建筑企业资质管理规定，具有有效的安全生产许可证，具有政府监管机构颁发的承装修饰许可证，在国网公布的"备选分包商"名录内，近三年内承包的工程未发生四级及以上的安全、质量事故（事件），管理人员及主要作业人员具有类似工作业绩、具有相适应施工安全质量管理能力，具有良好的财务状况、商誉和履约能力等条件。

2）分包合同及安全协议检查：

（a）分包合同应包括分包形式、分包工作内容、结算方式、合同价款、计划进场的主要分包人员信息及相关证件资料（含主要管理人员及特殊工种人员）、安全质量考核条款、分包工程履约担保、人员工资支付要求等内容。

（b）安全协议应包括分包形式、分包工作内容、安全管理职责、安全管理目标、安全风险及预控措施、安全教育培训、持证上岗、意外伤害保险、应急管理、安全考核条款等内容。

（c）分包合同及安全协议必须由施工企业法人和分包企业法人签订，不得为委托代理人签订，签订日期在分包项目开工前。

（d）分包合同及安全协议必须报监理和业主项目部审批备案。

3）分包工程款支付检查。分包工程款必须向合同约定的分包商基本账户进行支付，严禁向个人账户进行支付、严禁以现金进行支付。

4）人员动态管理台账检查：

（a）施工项目部对所有进场分包人员建立"二维码"台账，包括"身份识别"和"作业人员识别"。

（b）业主、监理、施工项目部建立分包人员管理台账，包含人员基本信息、特种作业证号、意外伤害保险、体检、进场时间、教育培训等内容，根据人员变化实时进行动态调整。

5）安全教育培训情况检查。分包人员进场后，施工项目部立即组织对其进行安全教育培训，及时建立培训台账（培训资料、签到表、数码照片等），做到每经过安全教育培训的人员不准上岗。对后进人员来一批培训一批、来一个培训一个，确保安全教育培训覆盖全员。

6）"同进同出"人员检查：

（a）分包人员进场前，由施工企业以红头文件的形式向监理、业主项目部报送"同进同出"人员名单（分施工阶段报送），"同进同出"人员可为本单位人员或劳务派遣人员。

（b）"同进同出"人员需具备责任心强、业务水平高、具有一定的安全质量管理能力、且经过单位培训、考试合格的人员。

7）特种作业证检查。登高人员的作业证必须在有效期内，且年龄不能超过 50 周岁。

8）分包班组驻地检查：

（a）分包班组的驻地管理要纳入施工项目部的统一管理，配备必要的生活及安全设施，确保驻地安全、干净、整洁、卫生，重点抓好用电、交通、防火、防盗、防煤气中毒、防食物中毒的安全管理。

（b）每个分包班组的驻地需安排 1～2 名"同进同出"人员同住、同吃、同工作，加强日常管理，并开展必要的日常安全教育培训。

9）专业分包人员及自带机械设备检查：

（a）施工项目部需建立专业分包人员及自带机械设备的管理台账，做到人、物账对应，始终处于受控状态。

（b）专业分包商自带的起重机械、施工机械、工器具等必须要有合格证及定期检验报告，经施工单位检查报监理审查合格后方可进场作业。

2.4 安全质量检查重点

2.4.1 基础施工安全质量检查重点

基础施工阶段安全质量现场重点检查施工方案、安全文明施工、标准工艺、强条及质量通病防治、安全管理规定等在现场的落实情况，以及现场有无管理性违章、行为性违章、装置性违章等方面的问题。

（1）施工方案现场落实情况。检查现场作业指导书、单基策划制定的技术、安全措施及人员、施工工器具是否与施工方案相吻合。

（2）安全文明施工现场落实情况。检查现场安全文明施工布置是否满足"六化"要求，施工区域进行隔离，图牌标识清楚；砂、石、水泥堆放要采取隔离措施，防止污染地面；油料要单独存放，与相关作业区域保持 20m 以上的距离，配置灭火器，并有防雨及防污染措施。

（3）安全施工作业票执行情况。检查安全施工作业票工作票是否满足国家电网公司基建安质〔2016〕32 号文的最新要求，注意：不同的基础型式、不同的作业方式（人工、机械作业）要填写不同的作业票；工作负责人要填施工项目部的人员或"同进同出"人员，不能填写成分包单位人员；签署是否齐全，人员与现场实际相对应。

（4）站班会记录。每日开工前按照安全施工作业票中的安全措施内容进行安全交底，现场全员签字，留下记录。

（5）主要工器具及防护用品检查。每日开工前对主要工器具及防护用品进行一次检查，并留下检查记录，确保完好无损。注意：工器具要单独存放，且规格和状态标识清楚，并有防雨措施。

（6）临边及孔洞防护。检查临边及孔洞大于 1.5m 时需设置硬质围栏进行围护，不作业时孔洞必须采用盖板遮盖，且标识清楚。

（7）人工基坑开挖：

1）弃土堆高不大于 1.5m。一般土质条件下弃土堆底至基坑顶边距离不小于 1.2m，垂直坑壁边坡条件下弃土堆底至基坑顶边距离不小于 3m。软土场地的基坑边则不应在基坑边堆土。

2）设置供作业人员上下基坑的安全通道（梯子），连接要可靠。

3）大开挖基础的放坡系数满足规范要求，必要时采取支护措施。

（8）灌注桩基础成孔：

1）井机的井架应由专人负责支戗杆，打拉线，以保证井架的稳定；钻机支架必须牢固，护筒支设必须有足够的水压。

2）钻机及车身应分别使用 25mm² 的铜线可靠接地。

3）泥浆池必须设围栏，将泥浆池、已浇注桩围栏好并挂上警示标志，防止人员掉入泥浆池中。

4）灌注桩基础施工需要连续进行，夜间现场施工应在不同的角度设置足够的灯光亮度，保证现场施工过程中的安全。

5）采用泵送混凝土时，导管两侧 1m 范围内不得站人，以防导管摆动伤人；导管出料口正前方 30m 内禁止站人，防泵内空气压出骨料伤人。

（9）旋挖钻机成孔：

1）根据现场地质情况，旋挖钻机应置于稳定的地面上。当地面不满足承载要求时，应采取可靠的铺垫措施，以防止在施工过程中产生不均匀沉降，造成钻机倾覆发生意外。

2）钻机应使用 25mm² 的铜线可靠接地。

3）在钻进时应时刻注意钻机仪表，如仪表显示垂直度有变化，及时进行调整。每次钻进深度应及时填写施工记录，交接班时应留下相关记录。

4）钻机因故停钻时，严禁将钻头留在孔内，提钻后孔口需加盖板进行防护。

5）在钻进过程中，要根据地质情况及时调整钻机的钻进速度。在黏土层内，钻机的进尺控制在 80～90cm/次旋挖；在砂土层中，钻机的进尺控制在 40～50cm/次旋挖。

6）在钻进过程中，钻杆的提升速度控制在 0.4m/s。

7）钻至预定孔深后，须在原深处进行空钻清土（10 转/min），然后停止转动，提起钻杆。

8）当遇软土地基或有地下水时，应加钢护筒及泥浆护壁的方式进行，以防止塌孔。

（10）爆破成孔：

1）导火索使用前应作燃速试验。使用时其长度必须保证操作人员能撤至安全区，不得少于 1.2m。

2）使用电雷管要在切断电源 5min 后进行现场检查；使用火雷管的应在 30min 后进入现场处理。

3）在民房、电力线附近爆破施工时应采取放小炮、放闷炮或在炮眼上加覆盖物等安全措施。

4）当天剩余的爆破器材必须点清数量，及时退库。炸药和雷管必须分库存放，雷管应在内有防震软垫的专用箱内存放。

5）坑内点炮时坑上设专人安全监护，坑深超过 1.5m 以上时坑内应备梯子，保证点炮人员上下坑的安全。

（11）原状土基础护壁。人工挖孔采用混凝土护壁时，应对护壁进行验收。第一圈护壁要做成沿口圈，沿口宽度大于护壁外径 300mm，口沿处高出地面 100mm 以上，孔内扩壁应满足强度要求，孔底末端护壁应有可靠防滑壁措施。混凝土护壁强度标号不低于 C15。护壁拆模强度不低于 3MPa，一般条件下 24h 后方可拆模，继续下挖桩土。

（12）钢筋笼吊装。起吊安放钢筋笼时，由专人指挥。先将钢筋笼运送到吊臂下方，吊车司机平稳起吊，设人拉好方向控制绳，严禁斜吊。吊运过程中吊车臂下严禁站人和通行，并设置作业警戒区域及警示标志。向孔内下钢筋笼时，两人在笼侧面协助找正对准孔口，慢速下笼，到位固定，严禁人下孔摘吊绳。

（13）施工用电：

1）现场电动机械或电动工具应做到"一机一闸一保护"，配电箱需装设短路、过载保护电器和漏电保护器，须有接线图、电工信息及定期检查记录，应高出地面一定距离放置牢固，不得被水淹或土埋，并配置灭火器。

2）配电箱需可靠接地，埋深不宜小于 0.6m，接地体不得采用螺纹钢。

3）现场采用架空走线时，高度不低于 2.5m；交通要道及车辆通行处，架设高度不低于 5.0m。架空导线不得采用裸线，导线截面积不得小于 16mm²。

5）当采用电缆走线时，埋深不小于 0.7m，在电缆四周均匀敷设不小于 50mm 厚的细沙，然后覆盖砖或混凝土板等硬质保护层，并在地面上设明显的标志，通过道路时应采用保护套管。

（14）混凝土浇筑：

1）投料高度超过 2m 应使用溜槽或串筒下料，串筒宜垂直放置，串筒之间连接牢固，串筒连接较长时，挂钩应予加固。严禁攀登串筒进行清理。

2）采用泵送混凝土时，泵车现场和混凝土施工仓内必须有完善的通信手段，以便施工的安全进行。导管两侧 1m 范围内不得站人，以防导管摆动伤人；导管出料口正前方 30m 内禁止站人，防泵内空气压出骨料伤人。

3）电动振捣器操作人员应戴绝缘手套和穿绝缘靴，在高处作业时，要有专人监护。

4）大开挖基础浇制时，搭设的浇制平台要牢固可靠，平台横梁应加撑杆，以防平台横梁垮塌伤人。

2.4.2 索道运输安全质量检查重点

索道运输在施工阶段安全质量现场重点检查施工方案、安全文明施工、标准工艺、强条及质量通病防治、安全管理规定等在现场的落实情况，以及现场有无管理性违章、行为性违章、装置性违章等方面的问题。

（1）施工方案现场落实情况。检查现场作业指导书、单基策划制定的技术、安全措施及人员、施工工器具是否与施工方案相吻合，承载绳、返空绳、地锚规格及埋深是否与施工方案一致。注意：返空索直径不宜小于12mm。

（2）安全文明施工现场落实情况。检查现场安全文明施工布置是否满足"六化"要求，施工区域进行隔离，图牌标识清楚；牵引设备要采取隔离措施，防止污染地面；油料要单独存放，与相关作业区域保持20m以上的距离，配置灭火器，并有防雨及防污染措施。

（3）安全施工作业票执行情况。检查安全施工作业票工作票是否满足国网公司基建安质〔2016〕32号文的最新要求，注意：工作负责人要填施工项目部的人员或"同进同出"人员，不能填写成分包单位人员；签署是否齐全，人员与现场实际相对应。

（4）站班会记录。每日开工前按照安全施工作业票中的安全措施内容进行安全交底，现场全员签字，留下记录。

（5）主要工器具及防护用品检查。每日开工前对主要受力工器具、地锚及防护用品进行一次检查，并留下检查记录，确保完好无损。注意：地锚一定要有检查验收牌，施工检查人及监理在上面要签字；地锚要有防雨和排水措施。

（6）其他检查内容：

1）索道装置应经过验收合格后方可投入运输作业。

2）牵引设备的皮带轮要有防护措施，并有可靠的接地，并有防雨措施。索道和支撑架应可靠接地。

3）严禁超载、装卸笨重物件，严禁运送人员，索道下方严禁站人，派专人监护，对索道下方及绑扎点进行检查。

4）运输索道正下方左右各10m的范围为危险区域，应设置明显醒目的警告标志，并设专人监管，禁止人畜进。

5）操作人员需持证上岗，在醒目位置悬挂索道牵引机安全操作规程、索道风险控制措施、索道运输检查验收牌。

2.4.3 组塔施工安全质量检查重点

铁塔组立施工阶段安全质量现场重点检查施工方案、安全文明施工、标准工艺、强条及质量通病防治、安全管理规定等在现场的落实情况，以及现场有无管理性违章、行为性违章、装置性违章等方面的问题。

（1）施工方案现场落实情况。检查现场作业指导书、单基策划制定的技术、安全措施及人员、施工工器具是否与施工方案相吻合。重点检查拉线规格、承托绳、起吊绳、腰环、地锚规格及埋深是否与施工方案一致。

（2）安全文明施工现场落实情况。检查现场安全文明施工布置是否满足"六化"要求，施工区域进行隔离，图牌标识清楚；绞磨要采取隔离措施，防止污染地面；油料要单独存放，与相关作业区域保持20m以上的距离，配置灭火器，并有防雨及防污染措施。

（3）安全施工作业票执行情况。检查安全施工作业票工作票是否满足国家电网公司基建安质〔2016〕32 号文的最新要求，注意：工作负责人要填施工项目部的人员或"同进同出"人员，不能填写成分包单位人员；签署是否齐全，人员与现场实际相对应。

（4）站班会记录。每日开工前按照安全施工作业票中的安全措施内容进行安全交底，现场全员签字，留下记录。

（5）主要工器具及防护用品检查。每日开工前对主要受力工器具、地锚、防护用品进行一次检查，并留下检查记录，确保完好无损。注意：工器具要单独存放，且规格和状态标识清楚，并有防雨措施；地锚一定要有检查验收牌，施工检查人及监理在上面要签字。

（6）内悬浮抱杆组塔的其他检查内容：

1）绞磨应设置在塔高的 1.2 倍安全距离外，排设位置应平整，绞磨应放置平稳。绞磨尾绳圈内严禁站人。

2）承托绳与抱杆轴线间夹角不大于 45°。

3）铁塔塔腿段组装完毕后，应立即安装铁塔接地，接地电阻要符合设计要求。

4）抱杆倾斜角度不宜超过 15°。

5）钢丝绳端部用绳卡固定连接时，绳卡压板应在钢丝绳主要受力的一边，且绳卡不得正反交叉设置；绳卡间距不应小于钢丝绳直径的 6 倍；绳卡数量应符合规定。

6）抱杆应有四方拉线，拉线的地锚坑与塔位中心水平距离不小于塔全高的 1.2 倍，拉线方向与线路中心线成 45°角。

7）牵引地锚坑要尽量避免在起吊方向，牵引地锚与塔中心的水平距离应不小于塔全高的 1.5 倍。

8）牵引转向滑车地锚一般利用基础或塔腿，但必须经过计算并采取可靠保护措施。注意：采用塔腿连接时需采用专用夹具，以避免卸扣横向受力；四根起吊绳在中心处应采用多眼联板通过卸扣连接，以避免卸扣横向受力。

9）起吊作业时，组装应停止作业；严格做到起吊时吊物下方无作业人员。

10）提升抱杆应设置两道腰环，且间距不得小于 5m；采用单腰环时，抱杆顶部应设临时拉线控制。

11）拆除过程中要随时拆除腰环，避免卡住抱杆。当抱杆剩下一道腰环时，为防止抱杆倾斜，应将吊点移至抱杆上部，循环往复，将抱杆拆除。

12）每日检查地脚螺栓及构件连接螺栓的紧固情况，确认紧固后方开始吊装作业。

（7）起重机组塔的检查内容：

1）车身应使用 25mm² 的铜线进行可靠接地。

2）吊装前选择确定合适的场地进行平整，衬垫支腿枕木不得少于两根且长度不得小于 1.2m，支撑一定要牢靠。认真检查各起吊系统，具备条件后方可起吊。

3）起重机吊装杆塔必须制定专人指挥。

4）施工前仔细核对施工图纸的吊段参数（杆塔型、段别组合、段重），严格施工方案控制单吊重量。

5）加强现场监督，起吊物垂直下方严禁逗留和通行。

6）起重机司机及司索工须有吊车所在地质监局发放的合格证。

7）每日检查地脚螺栓及构件连接螺栓的紧固情况，确认紧固后方开始吊装作业。

（8）铁塔组立质量检查：

1）塔材在现场组装、堆放时要设枕木支垫，防止镀锌层损伤。

2）塔材吊装时采用专用吊带或橡胶包裹吊点处，防止镀锌层损伤。

3）螺栓要分规格摆放，标识清楚。

铁塔连接螺栓应逐个紧固，当设计无要求时，螺栓的扭矩值按规范值取用，螺栓螺栓紧固率不小于97%。

4）角钢肢的朝向要与施工图一致，螺栓朝向要满足标准工艺要求。

5）铁塔部件组装有困难时应查明原因，严禁强行组装。个别螺孔需扩孔时，扩孔部分不应超过3mm，当扩孔需超过3mm时，应先封堵再重新打孔，并应进行防锈处理。

6）直线塔结构倾斜不大于1.5‰；转角塔采取预偏措施后，在架线挠曲后，塔顶端仍不应超过铅垂线偏向受力侧；相邻节点间主材弯曲度角钢塔不大于1/750。

7）脚钉安装应牢固齐全，脚钉端部的弯钩统一朝上，安装位置应符合设计或建设单位要求。

8）塔脚板与铁塔主材应贴合紧密，有缝隙时应进行封堵防水。

9）塔脚板应与基础面接触良好，有空隙时应垫铁片，并应浇筑水泥砂浆。

2.4.4　架线施工安全质量检查重点

架线施工阶段安全质量现场重点检查施工方案、安全文明施工、标准工艺、强条及质量通病防治、安全管理规定等在现场的落实情况，以及现场有无管理性违章、行为性违章、装置性违章等方面的问题。

（1）现场落实情况检查。检查现场作业指导书、单基策划制定的技术、安全措施及人员、施工工器具是否与施工方案相吻合。重点检查拉线规格、牵张机功率和线轴直径、起重机、现场的保护接地系统、地锚规格及埋深是否与施工方案一致，山区还需要检查导地线上仰角或反向滑车的设置。

（2）安全文明施工现场落实情况。检查现场安全文明施工布置是否满足"六化"要求，施工区域进行隔离，图牌标识清楚；吊车和牵张机均要采取隔离措施，防止污染地面；油料要单独存放，与相关作业区域保持20m以上的距离，配置灭火器，并有防雨及防污染措施。

（3）安全施工作业票执行情况。检查安全施工作业票工作票是否满足国网公司基建安质〔2016〕32号文的最新要求，注意：工作负责人要填施工项目部的人员或"同进同出"人员，不能填写成分包单位人员；签署是否齐全，人员与现场实际相对应。

（4）站班会记录。每日开工前按照安全施工作业票中的安全措施内容进行安全交底，现场全员签字，留下记录。

（5）主要工器具及防护用品检查。每日开工前对主要受力工器具、地锚、卸扣、吊绳、防护用品进行一次检查，并留下检查记录，确保完好无损。注意：工器具要单独存放，且规格和状态标识清楚，并有防雨措施；地锚一定要有检查验收牌，长时间使用的地锚要留存定期巡查记录和特殊天气条件后的检查记录，施工检查人及监理要签字确认。

（6）压接工艺的检查重点。大截面导线的压接工艺执行的规程规范是 DL/T 5285—2013《输变电工程架空导线及地线液压压接工艺规程》，根据相关规定大截面导线压接需注意以下内容：

1）在模具压接顺序上：耐张线夹铝管的压接顺序采用"倒压"，接续管铝管的压接顺序采用"顺压"。

2）压接模具尺寸控制：钢、铝压接管压接模具六边型对边距应满足公式 $S = 0.86D_{-0.2}^{-0.1}$（D 为压接管外径，mm），压接模具对边距的尺寸公差除满足上述要求外，上、下模具合模后，每一组对边尺寸之间的偏差不应大于+0.1mm。

3）压接后对边距要求：压后最小值不能小于压接模具对边距最小值 $0.860D–0.2$mm；需要特别注意的是：大截面导线必须在施工前做相关压接试件，经试验合格才能全线应用。

4）压接管弯曲度要求：液压后铝管不应有明显弯曲，弯曲度超过 1%应校正，无法校正（达到 1%以内）割断重新压接。

5）压接管压接两模重叠长度要求：压接管压接两模重叠长度核心是减少压接管弯曲发生，根据最新试验研究成果，300t 压接机铝管压接两模重叠长度：以重叠 25～40mm 为宜（与铝管预偏值结合考虑）。

6）压接管压后对飞边处理要求：管子压完后因飞边过大而使对边距尺寸超过规定值时，应分析原因后，重新压接。（更换模具、检查压接机额定工作压力）。

7）压接握着力合格判定要求：试件的握着力不应小于导线设计计算拉断力（设计使用拉断力）的 95%［最终判定标准为：90.25%额定拉断力（RTS）］。试验张力达到规定握力值，保持 60S，导线相对金具没有出现滑移现象，并且导线没有出现断股或破坏，则试验通过。

8）压接管外观尺寸检查要求：外径：在直线管外侧均匀选择 3 点（长度上），每点互成 90°测量两个数据，取 3 点共 6 个数据平均值；内经：在直线管两端检测，每端互成 90°测量两个数据，取两端共 4 个数据平均值；耐张管外径只检测 2 点，内经只检测管口 1 点。

9）导地线压接图像留存要求：监理旁站人员应对压接施工过程关键控制点，进行逐管拍照，做好数码照片记录，照片应能够反映测量具体数据。包括但不限于以下内容：测量直线管、耐张管压接前内外径、长度，导线外径等；导线剥线后钢管钢芯对穿露头、铝管穿管预偏；导线钢刷刷涂导电脂和钢管压后涂刷防锈漆；压后钢管、铝管对边距；耐张管钢锚侧铝管压接情况（与压前钢锚对比状态）；压接管成品照片（能够显示钢印）；照片内左下角应有时间、内容、压接管子导线编号、位置、压接员、监理员等标注牌信息。

2.4.5　交叉跨越施工安全质量检查重点

交叉跨越施工阶段安全质量现场重点检查施工方案、安全文明施工、标准工艺、强条及质量通病防治、安全管理规定等在现场的落实情况，以及现场有无管理性违章、行为性违章、装置性违章等方面的问题。

（1）现场落实情况检查。检查现场作业指导书、交叉跨越策划制定的技术、安全措施及人员、施工工器具、跨越架搭设和绝缘网架设是否与交叉跨越方案相吻合。重点检查跨越架搭设、防坠落绝缘网设置、拉线规格、导地线防跑线措施、地锚规格及埋深是否与交叉跨越方案一致，并应注意相关设施的接地是否可靠，特别是临近带电体和山区的跨越架接地。

（2）安全文明施工现场落实情况。检查现场安全文明施工布置是否满足"六化"要求，施工区域进行隔离，若跨越施工临近公路、铁路则需要注意交通组织的防护、提示和管理，施工区域周边图牌标识清楚，防跨越架倾覆的措施和必要工器具现场到位，并有检查合格同意使用的放行手续和定期检查记录。

（3）站班会记录。每日开工前按照安全施工作业票中的安全措施内容进行安全交底，现场全员签字，留下记录。

（4）主要工器具及防护用品检查。每日开工前对跨越架、地锚、拉线等用品进行一次检查，并留下检查记录，确保完好无损。注意：跨越架和地锚一定要有检查验收牌，长时间使用的地锚要留存定期巡查记录和特殊天气条件后的检查记录，施工检查人及监理要签字确认。

（5）交叉跨越施工的安全检查重点。现场的交叉跨越施工主要指现场施工风险较大，施工组织较为复杂的三类交叉跨越，即跨越公路、铁路及铁航河流。现场交叉跨越施工受地形条件、与被交叉物之间的相对位置不同，风险点略有不同，但主要安全检查重点还是交叉跨越方式的检查，重点要求如下：

1）交叉跨越施工许可手续完善（需得到被跨越物主管部门同意）；施工方案报审及专家评审手续完备，且人员工器具均已按照方案要求到位。

2）相关的配套安全措施、人员到岗到位，封航、封路的位置或邻近施工现场的路口有专人持信号旗进行看护指挥。

3）搭设完成的跨越架应满足脚手架搭设的规程规范要求，钢管脚手架应设置有可靠的接地措施；跨越架使用前需结果验收合格批准使用，施工期间需每日检查，强风、暴雨过后需经检验合格后方可使用。

4）现场防止跨越架倾覆的措施结果计算和相关的报审，防倾覆措施及配套工器具落实到位。

5）使用已有线路或其他方式做软跨时，使用的绳索必须符合承重安全系数要求，需特别注意的是：跨越带电线路时应使用绝缘绳索。

6）使用金属格构式跨越架架体应经过载荷试验，并有完整的试验报告及产品合格证后方可使用。

7）金属格构式跨越架的各个立柱应有独立的拉线系统，立柱长细比一般不应大于120。

8）使用悬索跨越架时，悬索跨越架应用纤维编制绳，其综合安全系数在事故状态下应不小于6，钢丝绳应不小于5。拉网（拉杆）绳、牵引绳的安全系数应不小于4.5。

9）承载索、循环绳、牵网绳、支撑索、悬吊绳、临时拉线的配置与施工方案要求一致，并结果计算。

10）绝缘网宽度应满足导线风偏后的保护范围，绝缘网伸出被保护的电力线外长度部小于 10m。

11）对跨越架的拉线系统及地锚系统进行检查，保证其满足规程规范的要求。

2.5 环保、水保管理及检查重点

在环保、水保管理中，首先要熟悉《中华人民共和国环境影响评价法》（由第九届全国人民代表大会常务委员会第三十次会议于 2002 年 10 月 28 日修订通过，自 2003 年 9 月 1 日起施行。2016 年 7 月 2 日第十二届全国人民代表大会常务委员会第二十一次会议重新修订，2016 年 9 月 1 日实施）、《输变电建设项目重大变动清单（试行）》的通知（环办辐射〔2016〕84 号）、《水利部生产建设项目水土保持方案变更管理规定（试行）》的通知（办水保〔2016〕65 号）、《开发建设项目水土保持设施验收技术规程（GB/T 22490—2008）》、《水土保持工程施工监理规范》（SL 523—2011）、《水土保持工程质量评定规程》（SL 336—2006）、《国家电网公司职业卫生技术规范》和《输变电工程环境监理规范》的通知（国家电网企管〔2016〕521 号）等最新法规文件的要求，它们是开展环保、水保管理的纲领性文件，必须认真遵守并严格执行，才能满足相关的要求，确保在环保、水保验收中顺利通过。

业主、监理、施工单位在充分领会环保、水保最新法规文件的要求后，应结合工程的具体特点，通过现场踏勘，认真分析固有的环保、水保敏感点及施工中可能产生的动态污染源，对照环保、水保批复文件中的要求，制定出有针对性的环境保护与水土保持管理策划及控制措施，重点对施工弃土处理、塔基及施工临时占地范围内的基地恢复，环保、水保敏感点的控制保护，通道清理及复耕，施工中的噪声及污水回收，油料污染等制订详细的控制措施，完善机制和考核制度，在实施过程中加强管理，认真加以落实到位。

2.5.1 资料方面检查重点

（1）检查业主、监理、施工编制的环保、水保管理策划文件，查看目标是否明确，环保、水保风险分析是否明确，制定的措施是否具有针对性和操作性、签署是否完善等。

（2）检查业主的专题会议纪要、巡检及专项检查记录及整改闭环记录、单位工程质量鉴定书。

（3）检查监理的环保日志、水保日志，巡查记录、旁站记录、见证记录，环境监理文件审查记录，环境监理工作联系单，环境监理整改通知单，环境监理问题跟踪检查表，会议纪要，环保、水保工程开工及复工报审表，环境监理工程复工申请表，施工组织设计（方案）报审表，材料报审表，环境保护措施执行记录表，监理整改通知回复单，变更申请报告，水保工程报验申请表，水保单元工程质量评定表及分部工程施工质量评定表等资料。

（4）检查设计单位的水土保持设计施工信息统计表。

（5）检查施工单位日常环保、水保施工记录，分部工程完工后填写的××标段施工场地统计表及××标段施工道路统计表等资料。

2.5.2　施工现场检查重点

环保、水保措施在现场的落实情况，砂、石、水泥、油料及机械设备有无采取铺垫隔离措施，防止污染地面；施工弃土有无按照设计要求运至指定地点堆放；开挖土有无按生熟土分开堆放并标识清楚；现场有无设置分类垃圾桶回收施工产生的垃圾；每日施工结束后有无做到工完料尽场地清。

2.5.3　环保竣工验收

（1）工程竣工前启动环保验收，公司安质部组织环保验收调查单位开展现场调查工作，提出整改要求，落实整改工作。建设管理单位在工程试运行前，向省环保厅提交申请并取得批复。

（2）工程带电运行后，公司安质部组织开展环保监测，并提出整改要求，建设管理单位组织相关单位完成环保拆迁、赔偿等工作。

（3）整改工作完成后，环保验收调查单位出版《环保验收调查报告》。国家电网公司内部审核合格后对《环保验收调查报告》进行公示，并报国家环保部指定的审查机构审查。

（4）国家环保部受理后进行公示，并在审查合格后，组织环保现场验收检查。现场验收完成后，验收组出具验收意见。如需要继续整改，按相关程序完成整改并形成报告重新报国家环保部。

（5）国家环保公示验收相关信息，确认完成整改闭环后下发批复文件。公司安质部负责整理环保验收各项资料和批复文件，并完成归档工作。

2.5.4　水土保持设施质量评定、中间验收及竣工验收

（1）质量评定及中间验收：

1）单元工程质量评定。每项单元工程结束后，在施工三级自检的基础上，由监理单位组织对每项单元工程开展质量评定工作，业主项目部参与，每项单元工程都将形成质量评定表，表 2-1～表 2-18 为输变电工程水土保持所有设施的质量评定表，具体工程可根据涉及的单元工程进行选用。

表 2-1 　　　　　　水土保持土、石方工程单元工程质量评定表

工程名称：×××工程　　　　　　　　　　　　　　　　编号：××SB-×1-001

单位工程名称	水土保持土、石方工程	分部工程名称	土石方工程
单元（分项）工程名称	土石方堆放	施工时段	土方开挖
序号	检查、检验项目	点数	合格数
1	表土剥离	4	4
2	临时堆土表面压实	4	4
3	临时堆土袋土拦挡	4	4
4	临时堆土排水沟	4	4
5	临时堆土苫盖	4	4
6			
7			
8			
检查结果	符合设计及验收规范要求（由水保监理师手写）		
施工单位质量评定等级	自检合格	质检员：手签 质检部门负责人：项目总工手签 日期：2015 年 7 月 10 日	
监理单位质量认定等级	合格	监理项目部： 认定人：水保监理师手签 日期：2015 年 7 月 11 日	

表 2−2　　　　　　　　　　　　**干砌石护坡单元工程质量评定表**

工程名称：×××工程　　　　　　　　　　　　　　　　　　　编号：××SB−×1−001

单位工程名称	水土保持斜坡防护工程	单元工程量	20m
分部工程名称	工程护坡	施工单位	×××送变电公司
单元工程名称、部位	干砌石护坡 N2012（桩号）	检验日期	2015 年 5 月 21 日

项次	检查项目	质 量 标 准	检 查 记 录		
1	面石用料	质地坚硬无风化，单块重不小于 25kg，最小边长不小于 20cm	符合要求（填写具体数据）		
2	腹石砌筑	排紧填严，无淤泥杂质	严密，无杂质		
3	面石砌筑	禁止使用小块石，不得有通缝、对缝、浮石、空洞	符合要求		
4	缝　宽	无宽度在 1.5cm 以上、长度在 0.5m 以上的连续缝	无连续缝隙（填写具体数据）		
项次	检测项目	质 量 标 准	总测点数	合格点数	合格率
1	砌石厚度	允许偏差为设计厚度的 ±10%	10	10	100%
2	坡面平整度	2m 靠尺检测凹凸不超过 5cm	10	10	100%
评 定 意 见			质量等级		
检查项目全部符合合格标准；检测项目合格率分别为 100、100%			合格（监理手签）		
施工单位	质检员：手签 质检部门负责人：项目总工手签 日期：2016 年 5 月 18 日		建设（监理）单位	监理项目部： 认定人：水保监理师手签 日期：2016 年 5 月 21 日	

表 2-3 　　　　　　　　　　浆砌石挡墙单元工程质量评定表

工程名称：×××工程 　　　　　　　　　　　　　　　　　　　　　　　　　编号：××SB-×1-001

单位工程名称	水土保持斜坡防护工程			单元工程量	30m
分部工程名称	工程护坡			施工单位	×××送变电公司
单元工程名称、部位	干砌石护坡 N2012（桩号）			检验日期	2015 年 5 月 21 日

项次	保证项目	质 量 标 准			检 验 记 录	
1	砂浆或混凝土标号、配合比	符合设计及规范要求			符合设计及规范要求	
2	石料质量、规格	符合设计要求和施工规范规定			符合设计要求和施工规范规定	
3	浆砌石墩（墙）的临时间断处	间断处的高低差不大于 1m 并留有平缓阶台			符合要求	

项次	基本项目	质 量 标 准		检 验 记 录	质量等级	
		合 格	优 良		合格	优良
1	浆砌石墩（墙）的砌筑次序	基本符合：先砌筑角石，再砌筑镶面石，最后砌筑填腹石，镶面石的厚度不小于 30cm	全部符合：先砌筑角石，再砌筑镶面石，最后砌筑填腹石，镶面石的厚度不小于 30cm	全部符合（填写具体数据）	/	优良
2	浆砌石墩（墙）的组砌形式	组砌形式基本符合：内外搭砌，上下错缝，丁砌石分部均匀，面积不小于墩（墙）砌体全部面积的 1/5，长度大于 60cm	组砌形式全部符合：内外搭砌，上下错缝，丁砌石分部均匀，面积不小于墩（墙）砌体全部面积的 1/5，长度大于 60cm	全部符合（填写具体数据）	/	优良

项次	允许偏差项目	设计值	允许偏差（cm）	实 测 值	合格数（点）	合格率（%）
1	轴线位置偏移	0	1	0.8/0.6/0.6/0.7/0.5	5	100
2	顶面标高	1500	±1.5	+ 1.2/ + 1.0/ - 0.8/ - 1.2/ + 1.4	5	100

评 定 意 见		质量等级
保证项目全部符合质量标准；基本项目全部符合合格标准，其中有 100% 项达到优良标准；允许偏差项目各项实测点合格率为 100%		合格（监理手签）

施工单位	质检员：手签		监理项目部：
	质检部门负责人：项目总工手签	建设（监理）单位	认定人：水保监理师手签
	日期：2016 年 5 月 18 日		日期：2016 年 5 月 21 日

表 2-4 　　　　　　　　　　浆砌石护坡单元工程质量评定表

工程名称：×××工程　　　　　　　　　　　　　　　　　　　　　　编号：××SB-×1-001

单位工程名称	水土保持斜坡防护工程		单元工程量		30m	
分部工程名称	工程护坡		施工单位		×××送变电公司	
单元工程名称、部位	浆砌石护坡 N2012（桩号）		检验日期		2015 年 5 月 21 日	
项次	保证项目	质量标准	检验记录			
1	石料、水泥、砂	符合 SL260—1998《堤防工程施工规范》要求	符合规范要求（填写具体数据）			
2	砂浆配合比	符合设计要求	符合设计要求（填写具体数据）			
3	浆砌	空隙用小石填塞，不得用砂浆填充，坐浆饱满，无空隙	填充严密，无空隙			
项次	检查项目	质量标准	检查记录			
1	勾缝	无裂缝、脱皮现象	光洁，无裂缝			
项次	检测项目	质量标准	总测点数	合格点数		合格率
1	砌石厚度	允许偏差为设计厚度的 ±2cm	20	19		95%
2	坡面平整度	2m 靠尺检测凹凸不超过 5cm	10	100		100%
评定意见			质量等级			
保证项目全部符合质量标准；检查项目全部符合合格标准；检测项目合格率分别为 95%、100%			合格（监理手签）			
施工单位	质检员：手签		建设（监理）单位	监理项目部：		
	质检部门负责人：项目总工手签			认定人：水保监理师手签		
	日期：2016 年 5 月 18 日			日期：2016 年 5 月 21 日		

表 2-5 护坡垫层单元工程质量评定表

工程名称：×××工程　　　　　　　　　　　　　　　　　　　编号：××SB-×1-001

单位工程名称	水土保持斜坡防护工程	单元工程量	35m
分部工程名称	工程护坡	施工单位	×××送变电公司
单元工程名称、部位	护坡垫层 N2012（桩号）	检验日期	2015 年 5 月 21 日

项次	检查项目	质 量 标 准	检 查 记 录		
1	基面	按规范验收合格	合格（具体描述）		
2	垫层材料	符合设计要求	符合设计要求（具体描述材料）		
3	垫层施工方法和程序	符合施工规范要求	符合施工规范要求（具体描述）		

项次	检测项目	质 量 标 准	总测点数	合格点数	合格率
1	垫层厚度	最小值不大于设计厚度的 15%（设计垫层厚度 10cm）	10	10	100%
2	复合土工膜	不短于设计最小折压长度 0.4m	5	5	100%

评 定 意 见	质 量 等 级
检查项目全部符合合格标准；检测项目合格率分别为 100%、100%	合格（监理手签）

施工单位	质检员：手签	建设（监理）单位	监理项目部：
	质检部门负责人：项目总工手签		认定人：水保监理师手签
	日期：2016 年 5 月 18 日		日期：2016 年 5 月 21 日

表 2-6　　　　　　排（截）水沟单元工程质量评定表

工程名称：×××工程

单位工程名称	水土保持斜坡防护工程		单元工程量	80m
分部工程名称	截（排）水工程		施工单位	×××送变电公司
单元工程名称、部位	截（排）水沟 N2012（桩号）		检验日期	2015 年 5 月 21 日
项次	保证项目	质量标准	检查记录	
1	工程布设	截（排）水沟位置符合设计要求，并按设计配套了消能和防冲设计	符合设计要求（具体描述）	
2	建筑材料	符合规定要求	符合规定要求（具体描述）	
3	外形尺寸	宽深符合设计尺寸、误差小于±1cm，口线平直、偏差小于±2.0cm	符合设计要求（填写具体数据）	
4	表面平整度	2m 靠尺检测凹凸不超过 5cm	4cm	
5	砌筑质量	符合施工规范，坚固安全	符合规范要求	
项次	基本项目	质量标准	检查记录	
1	基础清理	无杂物、无风化层、土层硬化	无杂物、无风化层、土层硬化	
2	暴雨后完好率	≥90%	95%	
评定意见			质量等级	
保证项目、基本项目全部符合质量标准			合格（监理手签）	
施工单位	质检员：手签		建设（监理）单位	监理项目部：
	质检部门负责人：项目总工手签			认定人：水保监理师手签
	日期：2016 年 5 月 18 日			日期：2016 年 5 月 21 日

表 2-7 基础开挖单元工程质量评定表

工程名称：×××工程

编号：××SB-×1-001

单位工程名称	水土保持基础开挖工程		单元工程量	185m³
分部工程名称	基础开挖		施工单位	×××送变电公司
单元工程名称、部位	土方开挖 N2012（桩号）		检验日期	2015 年 5 月 21 日

项次	检 查 项 目	质 量 标 准	检 验 记 录
1	地基清理和处理	无树根、草皮、乱石、坟墓，水井泉眼已处理，地质符合设计	符合设计要求
2	△取样检验	符合设计要求	符合设计要求（具体描述取样批量）
3	岸坡清理和处理	无树根、草皮、乱石。有害裂隙及洞穴已处理	已处理
4	岩石岸坡清理坡度	符合设计要求	符合设计要求（填写具体数据）
5	△黏土、湿陷性黄土清理坡度	符合设计要求	符合设计要求（填写具体数据）
6	截水槽地基处理	泉眼、渗水已处理，岩石冲洗洁净，无积水	符合要求
7	△截水槽（墙）基岩面坡度	符合设计要求	符合设计要求（填写具体数据）

项次	检 测 项 目		设计值	允许偏差（cm）	实 测 值	合格数（点）	合格率（%）
1	坑（槽）长或宽	5m 以内	/	+20 −10	/	/	/
2		5～10m	6000/6000	+30 −20	+20/+10/−15/−18/−22 −15/−18/+25/−16/ + 12	7	88
3		10～15m	/	+40 −30	/	/	/
4		15m 以上	/	+50 −30	/	/	/
5	坑（槽）底部标高		−4800	+20 −10	+ 12/−5/ + 8/−10	4	100
6	垂直或斜面平整度		0	20	10/12/6/8	4	100
	检测结果		共检测 16 点，其中合格 15 点，合格率 94%				

评 定 意 见	单元工程质量等级
主要检测项目全部符合质量标准。一般检查项目。检测项目实测点合格率 %。	合格（监理手签）

施工单位	质检员：手签		监理项目部：
	质检部门负责人：项目总工手签	建设（监理）单位	认定人：水保监理师手签
	日期：2016 年 5 月 18 日		日期：2016 年 5 月 21 日

注 "+"为超挖，"−"为欠挖。

表 2-8 水土保持工程砂料质量评定表

工程名称：×××工程

编号：××SB-×1-001

单位工程名称		水土保持斜坡防护工程		数 量	350m³
分部工程名称		/		生产单位	××砂场
产 地		××市		检验日期	2015 年 5 月 21 日
项次	保证项目	质 量 标 准		检 查 记 录	
1	天然泥沙团含量	不允许		无泥沙团	
2	天然砂中含泥量	砌筑用砂小于 5%，其中黏土小于 2%，防渗体等用砂：小于 3%，其中黏土小于 1%		符合要求（填写具体数据）	
3	云母含量	小于 2%		符合要求（填写具体数据）	
4	有机质含量	浅于标准色		符合要求	
项次	基本项目	质 量 标 准		检 查 记 录	
1	人工砂中石粉含量	6%～12%		10%	
2	坚固性	小于 10%		3%	
3	密度	大于 2.5t/m³		2.8	
4	轻物质含量	小于 1%		0.5%	
5	硫化物及硫酸盐含量，折合称 SO₃	小于 1%		0.4%	
评 定 意 见				质 量 等 级	
保证项目全部符合质量标准，基本项目全部符合质量标准				合格（监理手签）	
施工单位	质检员：手签 质检部门负责人：项目总工手签 日期：2016 年 5 月 18 日		建设（监理）单位	监理项目部： 认定人：水保监理师手签 日期：2016 年 5 月 21 日	

表 2-9　　　　　　　　　　　　　水土保持工程石料质量评定表

工程名称：×××工程　　　　　　　　　　　　　　　　　　　　　　　编号：××SB-×1-001

单位工程名称		水土保持斜坡防护工程		数　量		400m³	
分部工程名称		/		生产单位		××石场	
产　　地		××市		检验日期		2015 年 5 月 21 日	
项次	保证项目	质　量　标　准		检　查　记　录			
1	天然密度	≥2.4t/m³		2.8			
2	饱和极限抗压强度	符合设计规定的限值		符合设计要求（填写具体数据）			
3	最大吸水率	≤10%		6%			
4	软化系数	一般岩石大于等于 0.7 或符合设计要求		符合设计要求（填写具体数据）			
5	抗冻标号	达到设计标号		符合设计要求（填写具体数据）			
项次	基本项目	质　量　标　准		检　验　记　录		质量等级	
		合　格	优　良			合格	优良
1	块石	上下两面平行，大致平整，无尖角薄边，检测总数中有 70%符合要求，块厚大于 20cm，检测总数中有 70%符合要求	上下两面平行，大致平整，无尖角薄边，检测总数中有 90%符合标准，块厚大于 20cm，检测总数中有 90%符合要求	95%符合要求		/	优良
2	毛石	中厚大于 15cm，检测总数中有 70%符合要求	中厚大于 15cm，检测总数中有 90%符合要求	95%符合要求		/	优良
3	石料质地	坚硬、新鲜、无剥落层或裂纹，基本符合上述要求	坚硬、新鲜、无剥落层或裂纹，必须符合上述要求	符合要求		/	优良
评　定　意　见				质　量　等　级			
保证项目全部符合质量标准，基本项目全部符合质量标准				合格（监理手签）			
施工单位	质检员：手签			建设（监理）单位	监理项目部：		
	质检部门负责人：项目总工手签				认定人：水保监理师手签		
	日期：2016 年 5 月 18 日				日期：2016 年 5 月 21 日		

表 2–10　　　　　　　　　　　水土保持水泥砂浆质量评定表

工程名称：×××工程　　　　　　　　　　　　　　　　　　　　编号：××SB–×1–001

单位工程名称	水土保持斜坡防护工程		数 量		50m³	
分部工程名称	/		生产单位		自拌	
产 地	/		检验日期		2015 年 5 月 21 日	
项次	保证项目	质 量 标 准		检 验 记 录		
1	水泥、砂料、水及掺和料、外加剂	品种、质量必须符合国家有关标准		符合标准要求		
2	标号和相应的配合比、拌和时间	符合设计及规范要求		符合设计及规范要求（填写具体数据）		
3	28 天抗压强度保证率	≥80%		95%		
项次	基本项目	质 量 标 准		检 验 记 录	质量等级	
		合 格	优 良		合格	优良
1	水泥砂浆强度离差系数	C_v≤0.22	C_v≤0.18	0.15	/	优良
2	砂浆沉入度	检测总数中有大于等于 70%测次符合规定要求	检测总数中有大于等于 80%测次符合规定要求	90%符合规定要求	/	优良
项次	允许偏差项目	允许偏差（%）	实 测 值		合格数（点）	合格率（%）
1	砂浆配合比称量	水泥	±2	−0.5/+0.8/+1.0	3	100
		砂	±3	−1.5/+2.0/−1.0/+2.0	4	100
		掺和料	±2	/	/	/
2		水、外加剂溶液	±1	/	/	/
评 定 意 见				质 量 等 级		
保证项目全部符合质量标准；基本项目全部符合合格标准，其中有 <u>100</u>%项达到优良标准；允许偏差项目各项实测点合格率为 <u>100</u>%				合格（监理手签）		
施工单位	质检员：手签		建设（监理）单位	监理项目部：		
	质检部门负责人：项目总工手签			认定人：水保监理师手签		
	日期：2016 年 5 月 18 日			日期：2016 年 5 月 21 日		

表 2–11　　　　　　　　　　栽植沙障单元工程质量评定表

工程名称：×××工程　　　　　　　　　　　　　　　　　　　编号：××SB–×1–001

单位工程名称		水土保持防风固沙工程	单元工程量	40m²
分部工程名称		植物固沙	施工单位	×××送变电公司
单元工程名称、部位		沙障 N2012（桩号）	检验日期	2015 年 5 月 21 日
项次	保证项目	质 量 标 准	检 查 记 录	
1	沙障形式及规格	1. 沙障形式符合设计要求 2. 柴草新鲜、植物沙障枝条要求	符合规范设计要求	
2	施工工艺	1. 插入沙体深度符合要求 2. 露出沙体高度符合设计要求 3. 每排沙障间距符合设计要求	符合规范设计要求（填写具体数据）	
3	当年成活率	符合设计要求	符合设计要求（填写具体数据）	
项次	基本项目	质 量 标 准	检 查 记 录	
1	栽植季节	符合规范设计要求	符合规范设计要求（具体描述）	
2	栽植后的整齐程度	应达到平展整齐的效果	平展整齐	
评 定 意 见			质 量 等 级	
保证项目全部符合质量标准，基本项目符合质量标准			合格（监理手签）	
施工单位	质检员：手签 质检部门负责人：项目总工手签 日期：2016 年 5 月 18 日		建设 （监理） 单位	监理项目部： 认定人：水保监理师手签 日期：2016 年 5 月 21 日

表 2-12　　　　　　　　　土地恢复（林草）整地单元工程质量评定表

工程名称：×××工程　　　　　　　　　　　　　　　　　　　　　　　　　编号：××SB-×1-001

单位工程名称		水土保持土地整治工程		单元工程量	N2012 塔基区
分部工程名称		土地恢复		施工单位	×××送变电公司
单元工程名称、部位		土地恢复 N2012（桩号）		检验日期	2015 年 5 月 21 日
项次	保证项目	质 量 标 准		检 查 记 录	
1	定位、定线	符合设计要求、位置准确		符合设计要求（填写具体数据）	
2	整地形式	符合设计要求		符合设计要求（具体描述）	
3	土层厚度	农地、林地符合设计要求，草地不小于 20cm		符合设计要求（填写具体数据）	
项次	基本项目	质 量 标 准		检 查 记 录	
1	地面情况	整齐、精细、无杂物		整齐、精细、无杂物	
合格标准			优良标准		
保证项目符合质量标准，基本项目为合格标准，单元工程质量评定为合格			保证项目符合质量标准，其中土层厚度为优良，基本项目为优良标准，单元工程质量评定为优良		
评 定 意 见			质 量 等 级		
保证项目符合质量标准，其中土层厚度为合格/优良，基本项目为合格/优良标准			合格（监理手签）		
施工单位	质检员：手签 质检部门负责人：项目总工手签 日期：2016 年 5 月 18 日		建设（监理）单位	监理项目部： 认定人：水保监理师手签 日期：2016 年 5 月 21 日	

表 2-13　　　　　　　　　　场地整治及修坡单元工程质量评定表

工程名称：×××工程　　　　　　　　　　　　　　　　　　　　　　编号：××SB-×1-001

单位工程名称	水土保持土地整治工程		单元工程量	N2012 塔基区
分部工程名称	场地平整		施工单位	×××送变电公司
单元工程名称、部位	场地平整 N2012（桩号）		检验日期	2015 年 5 月 21 日
项次	保证项目	质　量　标　准	检　查　记　录	
1	修坡平均坡度	不大于设计坡度	符合设计要求（填写具体数据）	
2	场地平整情况	纵横向高差不大于设计	符合设计要求（填写具体数据）	
项次	基本项目	质　量　标　准	检　查　记　录	
1	坡面	稳定，无松动土块	稳定，无松动土块	
2	场地平整度	符合设计要求。土坡、平地为 ±10cm	符合设计要求（填写具体数据）	
3	局部允许超欠挖	岩石：符合设计要求。土坡、平地为 ±20cm	-10	
合格标准			优良标准	
保证项目符合质量标准，基本项目为合格标准，单元工程质量评定为合格			保证项目符合质量标准，基本项目为优良标准，单元工程质量评定为优良	
评　定　意　见			质　量　等　级	
保证项目符合质量标准，其中土层厚度为合格/优良，基本项目为合格/优良标准			合格（监理手签）	
施工单位	质检员手签 质检部门负责人：项目总工手签 日期：2016 年 5 月 18 日		建设（监理）单位	监理项目部： 认定人：水保监理师手签 日期：2016 年 5 月 21 日

表 2–14　　　　　　　　　　　植苗单元工程质量评定表

工程名称：×××工程　　　　　　　　　　　　　　　　　　　　　　编号：××SB–×1–001

单位工程名称	水土保持植被建设工程		单元工程量	200m²
分部工程名称	点片状植物		施工单位	×××送变电公司
单元工程名称、部位	植树 N2012–N2013（桩号）		检验日期	2015 年 5 月 21 日
项次	保证项目	质 量 标 准	检 查 记 录	
1	苗木规格	1. 苗木等级不低于二级，且同一批苗木中低于其等级的苗木数量不得超过 5%。 2. 符合国家苗木标准：裸根苗 GB 7908、容器苗 LY 1000、经济苗 GB6000	符合标准要求（填写具体数据）	
2	栽植密度	符合设计要求	符合设计要求（填写具体数据）	
3	施工工艺	1. 坑穴直径、深度符合设计要求，坑内无大土块； 2. 栽植时根系舒展不窝根； 3. 覆土踏实浇水及时	符合工艺要求（填写具体数据）	
4	当年成活率	符合设计要求	符合设计要求（填写具体数据）	
项次	基本项目	质 量 标 准	检 查 记 录	
1	栽后穴面或埂的修整	穴面平整、埂光洁硬实	平整、硬实	
项次	允许偏差项目	质 量 标 准	检 查 记 录	
1	坑穴深度	设计值的±5%	+2%	
2	坑穴宽度及长度	设计值的±5%	+3%	
评 定 意 见			质 量 等 级	
保证项目全部符合质量标准，基本项目、允许偏差项目全部符合质量标准			合格（监理手签）	
施工单位	质检员：手签		建设（监理）单位	监理项目部：
	质检部门负责人：项目总工手签			认定人：水保监理师手签
	日期：2016 年 5 月 18 日			日期：2016 年 5 月 21 日

表 2–15　　　　　　　　　　　　植草单元工程质量评定表

工程名称：×××工程　　　　　　　　　　　　　　　　编号：××SB-×1-001

单位工程名称	水土保持植被建设工程		单元工程量	50m²
分部工程名称	点片状植被		施工单位	×××送变电公司
单元工程名称、部位	植草 N2012（桩号）		检验日期	2015 年 5 月 21 日
项次	保证项目	质 量 标 准	检 查 记 录	
1	草苗规格及品种	1. 品种符合设计要求。 2. 草苗整齐、健壮，无杂草或病虫害	符合设计要求	
2	施工工艺	1. 底土疏松无大土块、平整密实。 2. 栽植平展，接茬规则匀称。 3. 浇水及时	符合要求（具体描述）	
3	排灌设施	符合设计要求	符合设计要求	
4	当年成活率	符合设计要求	符合设计要求（填写具体数据）	
项次	基本项目	质 量 标 准	检 查 记 录	
1	栽植季节	符合规范设计要求	符合规范设计要求（具体描述）	
2	栽植后的整齐程度	应达到平展整齐的效果	平展整齐	
评 定 意 见			质 量 等 级	
保证项目全部符合质量标准，基本项目符合质量标准			合格（监理手签）	
施工单位	质检员：手签 质检部门负责人：项目总工手签 日期：2016 年 5 月 18 日		建设（监理）单位	监理项目部： 认定人：水保监理师手签 日期：2016 年 5 月 21 日

表 2-16　　　　　　　　　　　**林草播种单元工程质量评定表**

工程名称：×××工程　　　　　　　　　　　　　　　　　　编号：××SB-×1-001

单位工程名称		水土保持植被建设工程	单元工程量	20m²
分部工程名称		点片状植被	施工单位	×××送变电公司
单元工程名称、部位		播种 N2012（桩号）	检验日期	2015 年 5 月 21 日
项次	保证项目	质　量　标　准	检　查　记　录	
1	种子质量	草种符合 GB 6141—1985；GB 6142—1985 林木种子符合 GB 7908—1999	符合标准要求（具体描述）	
2	覆土	符合规范及设计要求	符合规范及设计要求（填写具体数据）	
3	出苗率	符合设计要求	符合设计要求（填写具体数据）	
项次	基本项目	质　量　标　准	检　查　记　录	
1	出苗情况	均匀整齐，高低相差不大	均匀整齐	
2	播种质量	出苗均匀整齐；撒播的无秃斑沟播的无断垄	整齐，无断垄	
3	播种季节	符合规范及设计要求	符合规范及设计要（具体描述）	
项次	允许偏差项目	质　量　标　准	检　查　记　录	
1	播种量	设计播种量的±10%	+6%	
评　定　意　见			质　量　等　级	
保证项目全部符合质量标准，基本项目符合质量标准，允许偏差项目符合要求			合格（监理手签）	
施工单位	质检员：手签		建设（监理）单位	监理项目部：
	质检部门负责人：项目总工手签			认定人：水保监理师手签
	日期：2016 年 5 月 18 日			日期：2016 年 5 月 21 日

表 2-17 　　　　　　　　　　　　林草管理管护质量评定表

工程名称：×××工程 　　　　　　　　　　　　　　　　　　　　　　编号：××SB-×1-001

单位工程名称		水土保持工程	施工单位	×××送变电公司
分部工程名称		/	检验日期	2015 年 5 月 21 日
项次	保证项目	质 量 标 准	检 查 记 录	
1	设置标志	管理管护区域设立标志	标志清晰规范	
2	抚育措施	灌溉、追肥、修剪、除虫防病，符合规范及设计要求	符合规范及设计要求	
3	保存率（覆盖率）	符合设计要求	符合设计要求（填写具体数据）	
项次	基本项目	质 量 标 准	检 查 记 录	
1	补植补种	符合设计要求	符合设计要求（具体描述）	
2	设施维修	运转正常，能保证灌溉需要	运转正常	
评 定 意 见			质 量 等 级	
保证项目全部符合质量标准，基本项目符合质量标准			合格（监理手签）	
施工单位	质检员：手签		建设（监理）单位	监理项目部：
	质检部门负责人：项目总工手签			认定人：水保监理师手签
	日期：2016 年 5 月 18 日			日期：2016 年 5 月 21 日

表 2-18 灌溉管网安装单元工程质量评定表

工程名称：×××工程

编号：××SB-×1-001

单位工程名称	水土保持工程	单元工程量	80m
分部工程名称	/	施工单位	×××送变电公司
单元工程名称部位	灌溉管网安装N2012（桩号）	检验日期	2015年5月21日

项次	保证项目	质 量 标 准	检 验 记 录
1	管材、配件	符合规定要求	符合规定要求
2	施工工艺及流程	符合相关施工和设计规范	符合相关施工和设计规范
3	施工质量	性能检验指标符合规定要求	符合规定要求（填写具体数据）
项次	基本项目		
1	工期	保证植物灌溉需求	符合要求

单元工程质量评定等级	合格（监理手签）

施工单位	质检员：手签 质检部门负责人：项目总工手签 日期：2016年5月18日	建设（监理）单位	监理项目部： 认定人：水保监理师手签 日期：2016年5月21日

2）水土保持设施中间验收。在所有单元工程质量评定工作结束后，施工单位按照评定过程提出的问题进行整改闭环，经监理检查合格后，由监理单位向业主项目部提出水土保持设施的中间验收申请书，业主项目部组织设计、施工、监理等单位开展水土保持设施的中间验收，并形成以下验收成果。

（a）形成分部工程施工质量评定表（表 2-19）。

表 2-19　　　　　　　　　分部工程施工质量评定表

单位工程名称	××工程水土保持工程	施工单位	×××送变电公司
分部工程名称	斜坡防护工程	施工日期	2015 年 7 月 30 日
分部工程量	40 基	验收日期	2015 年 8 月 15 日

项次	单元工程类别	单元工程量	单元工程个数	合格率	备注
1	浆砌石护坡	120m	6	100%	
2	干砌石护坡	320m	14	100%	
3	浆砌石挡土墙	280m	12	100%	
4	干砌石挡土墙	160m	8	100%	
5	……				
合计		880m	40	100%	
重要隐蔽单元工程	/				
关键部位单元工程	/				

施工单位自评意见	监理单位复核意见	项目法人评定意见
本分部工程的单元工程质量全部合格，优良率 95%，土建工程原材料质量优良，中间产品质量合格，绿化成活率 100%，植被覆盖率 100%。	经复核，施工质量符合设计及相关验收标准要求。（手签）	同意评定结果
分部工程质量等级：合格	分部工程质量等级：合格（手签）	分部工程质量等级：合格（手签）
评定人：项目总工手签	监理工程师：水保监理师手签	现场代表：水保专责手签
项目负责人：项目经理手签	总监理工程师：总监手签	技术负责人：技术专责手签
盖章：	盖章：	盖章：
日期：2015 年 8 月 20 日	日期：2015 年 8 月 20 日	日期：2015 年 8 月 20 日

（b）形成单位工程质量鉴定书。

生产建设项目水土保持设备设施
验收鉴定书

项目名称　＿＿＿＿＿＿＿＿＿＿＿＿＿＿＿＿＿＿＿＿＿＿

项目编号　＿＿＿＿＿＿＿＿＿＿＿＿＿＿＿＿＿＿＿＿＿＿

建设地点　＿＿＿＿＿＿＿＿＿＿＿＿＿＿＿＿＿＿＿＿＿＿

验收单位　＿＿＿＿＿＿＿＿＿＿＿＿＿＿＿＿＿＿＿＿＿＿

＿＿＿年＿＿月＿＿日

一、生产建设项目水土保持设施验收基本情况表

项目名称		行业类别	
主管部门 （或主要投资方）		项目性质	
水土保持方案批复机关、文号及时间			
水土保持方案变更批复机关、文号及时间			
水土保持初步设计批复机关、文号及时间			
项目建设起止时间			
水土保持方案编制单位			
水土保持初步设计单位			
水土保持监测单位			
水土保持施工单位			
水土保持监理单位			
水土保持设施验收报告编制单位			

二、验收意见

验收意见提纲：
　　介绍验收会议基本情况，包括主持单位、时间、地点、参加人员和验收组等。
　　介绍验收会议工作情况。
项目概况
　　说明项目建设地点、主要技术指标、建设内容和开完工情况。
水土保持方案批复情况（含变更）
　　说明水土保持方案批复时间、文号和主要内容等。
水土保持初步设计或施工图设计情况
　　说明水土保持初步设计（水土保持专章或水土保持部分）的批复时间、机关和文号等，说明水土保持施工图设计审核、审查情况。
水土保持监测情况
　　说明水土保持监测工作开展情况和监测报告主要结论。
验收报告编制情况和主要结论
　　说明水土保持设施验收报告编制情况和验收报告主要结论。
验收结论
　　说明该项目实施过程中是否落实了水土保持方案及批复文件要求，是否完成了水土流失预防和治理任务，水土流失防治指标是否达到水土保持方案确定的目标值，是否符合水土保持设施验收的条件，是否同意该项目水土保持设施通过验收。
后续管护要求
　　提出水土保持设施后续管护要求。

三、验收组成员签字表

分工	姓名	单位	职务/职称	签字	备注
组长					建设单位
成员					验收报告编制单位
	...	...	...	...	
					监测单位
	...	...	...	...	
					监理单位
	...	...	...	...	
					水土保持方案编制单位
	...	...	...	...	
					施工单位
	...	...	...	...	
	...	...	...	...	...

（2）水土保持设施竣工验收：

1）工程竣工前启动水保验收，公司安质部组织水保验收评估单位开展现场调查评估工作，提出整改要求。建设管理单位组织参建单位配合并完成整改工作。

2）水保验收评估单位向工程所在省水利厅和流域机构汇报工程水土保持工作并征求意见。水保验收评估单位根据意见修改完成《工程水保验收评估报告》，国家电网公司组织对《工程水保验收评估报告》进行内审。

3）《工程水保验收评估报告》内审合格后，国家电网公司报国家水利部审查。通过水利部的审查后，国家电网公司向水利部申请验收。

4）水利部组织水保现场验收，水保验收评估单位负责现场迎检和会务工作，参建单位配合。现场验收完成后，验收组形成验收意见。如需要继续整改，按相关程序完成整改并形成报告报水利部。

5）在确认现场发现的问题整改闭环后，国家水利部签发批复文件。公司安质部负责整理水保验收各项资料和批复文件，并完成归档工作。

2.6 档案数码照片管理

2.6.1 工程档案及数码照片的管理

特高压直流输电线路工程的档案管理体系分为三级（建设公司、业主项目部、参建单位）档案管理工作体系。业主项目部档案管理领导小组由工程项目经理负责，监理、设计单位及施工单位的技术负责人及档案员参加，监理部配备专职的档案员负责具体管理工作；施工单位的档案管理领导小组由项目总工负责，逐级建立健全施工资料管理岗位责任制，明确各岗位的资料管理职责，责任到人，项目部配备专职的档案员负责资料的收集、整理。

（1）工程档案的管理：

1）工程档案的管理职责。

a）建管单位职责（业主项目部）：项目经理为工程档案管理的第一责任人。负责从开工直至竣工移交、达标投产、评优、档案专项验收等管理工作的领导、协调，对本项目档案的齐全、准确、系统负责。建设公司档案室负责对项目档案管理给予技术指导，并负责对施工现场资料进行检查考核。

b）监理单位职责：项目总监负责对工程档案资料监督、检查的组织领导。监理部设专职资料员。开工阶段负责建立项目档案管理组织，检查审核施工单位档案管理组织、制度及归档计划。加强对档案管理的中间控制。在施工各阶段对设计、施工单位的资料进行监督、检查并提出整改意见。重视监理资料的管理工作，资料员负责监理资料的收集、整理和归档工作。项目投产后两个月内，由项目总监组织对监理资料进行整理归档与移交。

c）施工单位职责：应加强工程档案的管理工作，实行项目总工负责制。项目部设专职资料员负责资料管理工作，并建立档案管理组织及资料管理制度。坚持资料与工程同步的原则，工程进行到哪一阶段，资料应收集整理到哪一阶段。依据工程里程碑计划，结合工程各环节的特点，制定项目档案归档计划，指导项目归档工作。按照合同及本手册的规定负责施工过程资料的收集、整理、归档，对施工资料的真实性、完整性负责。项目投产两个月内，由项目总工组织对施工资料进行整理归档，并向建设单位与运行单位办理移交。

2）档案管理目标及质量要求：

a）档案管理的目标：管理同步化、资料标准化，操作精细化。以更高的标准，更细致的要求，更规范的管理，为特高压线路工程保存一套齐全、准确、系统的工程档案资料。

b）归档质量要求：档案归档率100%，资料准确率100%，案卷合格率100%。

注：归档率100%：本手册规定移交的归档资料齐全、完整。本工程要求在提供纸质文件的同时，制作全套的电子版文件。电子版必须与纸质文件一致，不可遗漏。准确率100%：竣工图真实、准确，与设计变更一致；施工记录必须按原始记录填写，数据准确，并经监理人员检查合格签署意见；各项文件必须原件归档，复印件、复写件不能归档；各种记录和文件签字、盖章完备，监理意见、质检报告签发一律手签。案卷合格率100%：案卷题名准确、规范；组卷系统、规范；装订整齐。电子版文件中的手签部分可计算机录入，外来文件要求对方提供电子版或扫描保存。

（2）数码照片的管理。直流输电线路工程数码照片是指：工程建设管理过程中形成的安全质量过程控制数码照片，是指国家电网公司建设管理的输变电工程，自项目开工到工程投运期间，按要求使用数码照片采集设备（相机或移动设备），对现场施工管理、作业过程、监督纠偏等关键场景进行实地拍摄，采集能够真实反映施工安全质量控制情况、与工程建设进度同步形成的数码照片。工程建设不同阶段应摄制具有针对性的照片和影像资料，且要求所摄制的影像资料能全面反映工程全貌、工程阶段性形象进度和质量。包括但不限于：开工前全貌、竣工后全貌；场平工程、桩基组立、土建工程、安装工程的开工、转序、验收、完工，主要工序、隐蔽工程施工情况；整个建设过程领导视察、工程建设过程中的重要审查会、重要协调会、重要检查活动、工程竣工预验收及验收、工程启动、工程交接以及反映工程特点和形象的声像资料等。

1）各参建单位数码照片管理的职责：

a）直流公司（省公司）的管理职责：组织所辖区域输变电工程各参建单位按要求做好数码照片管理工作。培训、指导、督促和检查工程项目落实开展输变电工程安全质量过程控制数码照片管理工作。组织对所属单位的工程数码照片采集工作进行考核。

b）业主项目部的管理职责：组织工程项目各参建项目部管理人员按要求做好输变电工程安全质量过程数码照片的采集、整理工作。对数码照片采集与整理情况开展检查，督促整改，并对相关单位和人员提出考核意见。在工程竣工后，组织各参建项目部及时完成各自数码照片整理及归档工作，按要求移交保管。

c）监理项目部的管理职责：按要求及时、完整采集输变电工程监理管理安全质量数码照片。配合上级单位做好数码照片专项检查，完成整改闭环。工程竣工后的规定时限内，按要求完成监理数码照片整理、刻录工作，并与工程竣工资料一并移交归档。

d）施工项目部管理职责：按要求及时、完整采集输变电工程施工管理安全质量数码照片。配合上级单位做好数码照片专项检查，完成整改闭环。工程竣工后的规定时限内，按要求完成施工数码照片整理、刻录工作，并与工程竣工资料一并移交归档。

2）照片采集范围：

a）业主项目部：安全过程控制数码照片：重点采集反映安委会等重要活动、各类检查中发现的安全问题、四级及以上施工风险作业现场管控到位情况以及现场应急演练过程等照片。质量过程控制数码照片：重点采集反映站址原貌、重要技术审查及质量管理活动、业主组织的质量验收活动、质量问题（或事件调查过程）等照片。

b）监理项目部：安全过程控制数码照片：重点采集反映安全检查签证、安全旁站、监理巡视、过程安全检查、安全纠偏等照片。质量过程控制数码照片：重点采集反映见证取样、设备开箱、质量旁站、隐蔽工程验收、监理初检和质量纠偏等活动的照片。

c）施工项目部：安全过程控制数码照片：重点采集反映施工现场安全文明施工、分包管理、风险控制、安全检查等照片。质量过程控制数码照片：重点采集反映施工过程质量控制关键环节、隐蔽工程状况和施工单位公司级专检等照片。

3）数码照片整理要求。每张数码照片应单独命名，名称尽可能简洁，应能反映工程部位、主要工序及拍摄主题。

工程项目各参建单位应在现场安全质量例行检查、各阶段质量验收、安全管理评价等工作中检查数码照片采集与管理的工作质量，实现对工程现场管理活动和作业行为的有效规范。

2.6.2 工程档案移交

工程按照"谁建设管理，谁组织移交"的原则开展档案移交相关工作。相关规定如下：

（1）归档份数：本工程要求提交一式四套竣工资料（包括竣工图）一套移交业主，两套移交运行单位，一套施工单位留存，保证资料为原件的一套提交发包方；提交一套电子版竣工资料（u盘1个），一套项目照片和录像片；同时将提交设计院的竣工草图交发包方归档。

（2）归档时间：竣工图移交。

a）本工程由设计院编制出版竣工图。承包方于预验收时向设计院提交有变更的竣工草图及竣工草图移交单。

b）设计院于工程启动投运后30日内提交修改合格的全套竣工图，并返回竣工草图。

c）监理单位组织施工单位按照设计变更单逐一审核、盖章、组卷归档，与竣工资料一起于启动投运后60日内归档。

（3）竣工资料移交：工程启动投运后60日内，承包方必须将包括竣工图在内的全套齐全、完整、系统的竣工资料移交发包方和运行单位。

2.7 检查反馈及指导

检查后的反馈主要通过照片配合使用幻灯PPT的形式进行反馈，并就其违反的安全条款进行说明，并提供明确的整改要求，形成配有图片说明、涉及安全质量条款和整改要求整改闭环通知单进行现场整改。对于现场问题较多、安全隐患较大的现场应及时与业主单位商量暂时停工，做好现场安全防护措施后，组织对所有参建人员进行安全培训，整改合格后方可继续现场作业。

2.8 工程竣工验收

2.8.1 工作流程

为做好特高压直流输电线路工程竣工验收工作，确保合同目标的实现，达到零缺陷移交生产，按照国家电网公司特高压直流输电线路工程验收办法及国家、行业和企业相关规程规范，结合工程实际情况，竣工验收前，直流公司负责组织《竣工验收实施细则》编写、审查工作。按照工程总体工作安排，确定竣工验收分组及行程，并组织开展现场检查工作。在全部检查完成后，向直流部提交《竣工验收报告》（初稿）。

工作流程见下图。

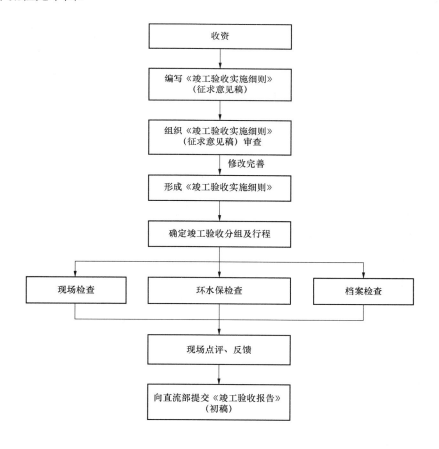

2.8.2 工程概况

（1）工程名称：特高压直流线路工程。

（2）线路方向：

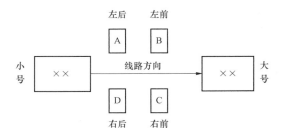

（3）建设规模。线路长度、铁塔基数、经过省市、地形、投资。

1）一般线路。导地线规格、设计风速、覆冰。

2）大跨越。大跨越跨越方式、跨越耐张段长度、导线、地线型号等

3）系统通信工程（架空缆路部分）。光纤通信工程光缆长度、起止塔号、T接情况、光缆接续情况。

2.8.3　验收单位职责

（1）国家电网公司直流部。工程竣工验收工作由启动验收委员会线路工程竣工验收检查组负责。国家电网公司直流部是工程竣工验收检查组组长单位，会同国家电网公司运检部审定《竣工验收实施细则》及验收检查组成员名单；会同运检部组织验收检查组各成员单位召开竣工验收会议，听取工程建设有关情况汇报，确定验收检查方式、内容及组织安排，并对有关问题予以协调。提出线路工程竣工验收报告，确认线路工程是否具备系统调试条件。竣工验收后，督促相关建设管理单位按时完成消缺处理及竣工验收签证等工作。

（2）国家电网公司运检部。国家电网公司运检部是工程竣工验收检查组副组长单位，会同国家电网公司直流部完成工程验收检查组的相关工作。负责生产运行归口管理及生产准备工作；督促各相关生产运行管理单位做好竣工验收消缺复查及相关签证工作。

（3）国家电网公司物资部。国家电网公司物资部负责工程物资归口管理工作，负责验收过程物资供应的总体协调，负责督促物资供应相关单位做好竣工验收物资方面的消缺及协调工作，督促厂家及时提供资料。

（4）国家电网公司直流建设分公司。国家电网公司直流建设分公司是工程竣工验收检查组副组长单位，会同国家电网公司直流部、国家电网公司运检部完成工程验收检查组的相关工作，作为职能单位牵头做好竣工验收现场检查，编制竣工验收报告初稿。

（5）国家电网公司信通公司。国家电网公司信通公司负责系统通信工程归口建设管理工作（不含T接光缆架设），在竣工预验收、运行交接验收、质量监督检查验收及消缺复查完毕后，由国网信通公司向国家电网公司直流部提交建设管理、设计、监理、施工、运行单位工程总结及预验收报告，并在竣工预验收结束后组织施工、监理单位完成有关问题的整改闭环。竣工预验收检查结果纳入工程总体竣工验收检查报告。

（6）线路工程竣工验收检查组。竣工验收检查组分设现场和档案资料两个专业检查小组。专业检查组成员由国家电网公司直流部、国家电网公司运检部、国家电网公司直流建设分公司、国家电网公司物资公司，建设管理、属地运维、设计、施工、监理等参建单位

以及有关专家组成（具体名单另行通知）。现场检查采取听取汇报、组织座谈、问题及整改情况复核、现场抽查等方式，抽检比例原则上每个标段10基进行控制。

对预验收结果理想、质量评定等级优良、遗留问题较少的标段，可免检。对于遗留问题较多的标段，进行重点抽查及预验收遗留问题的复查。

对于标段内500kV以上电力线、高铁等重要跨越点及通道内成片林砍伐、大型拆迁项目进行重点抽查。

档案资料检查重点是竣工资料的完整性、准确性、有效性、预归档质量等，资料检查现场抽查比例应能反映被检查单位资料的总体情况。

（7）建设管理单位（属地省电力公司）。建设管理单位在组织施工、监理完成各阶段验收后，需按基础、杆塔、架线各不小于20%（按线档或长度计，按照耐张塔及重要跨越塔全检）的比例组织竣工预验收工作，并在线路带电前负责完成线路通道内房屋拆迁、树木砍伐处理工作。竣工预验收、运行交接验收、质量监督检查验收及消缺复查完毕后，向国网直流部提交建设管理、设计、监理、施工、运行单位工程总结初稿、工程竣工预验收报告、竣工验收计划及竣工验收申请，同时组织设计、施工、监理、运行等各相关单位做好竣工验收的配合及迎检工作。在竣工验收结束后组织施工、监理单位完成有关问题的整改闭环，并提交具备带电条件报告。

（8）生产运行管理单位。生产运行管理单位组织运行维护单位参加竣工预验收等物资交接验收、竣工验收、试验调试、试运行等工作；在建设管理单位完成竣工预验收后，要按照100%的比例进行运行交接验收；在竣工验收前，组织相关运维单位完成生产准备及工程建设期间的工作总结，并向建设管理单位提交生产运行交接验收报告。具体生产运行维护单位如下：沿线各运行任务划分情况。

（9）设计单位。负责设计变更单与竣工图（环保、水保后续设计文件）归档。参加竣工预验收、竣工验收，在竣工验收前，提交由设计院审定、批准的工程总结初稿（含环保、水保总结）。

（10）监理单位。监理单位负责监理初检工作。施工三检完成并消缺闭环后，报请监理单位进行监理初检。监理单位应独立组织自己单位的验收人员，按照耐张塔及重要跨越塔全检，且不少于报验总数的30%（按线档或长度计）比例完成初检并监督施工单位消缺闭环后，形成初验收报告，报请建设管理单位进行竣工预验收。

在竣工验收前，监理单位应准备验收检查所需表格，并落实施工单位配合人员。提交由本单位审定、批准的工程总结初稿。

竣工预验收、运行交接验收、投运前质量监督检查、竣工验收完毕后，监督施工单位在规定的时间内完成本体消缺和属地公司线路通道处理、迹地恢复工作，本体消缺及线路通道处理、迹地恢复工作完毕，经相关运维单位复核，监理单位按规定向建设管理单位提交具备带电条件的报告。

（11）施工单位。施工单位按班组100%自检，项目部100%复检，公司100%专检的比例进行三级质检工作。

施工三检工作完成并消缺闭环后，报请监理单位组织监理初检。

在竣工验收前，施工单位负责做好验收检查的现场准备和迎检工作，提供有效地检测工具和交通车辆。提交由本单位审定、批准的工程总结初稿。

施工单位应派出高空作业人员跟随各级验收工作，对缺陷进行随工消缺，以加快各级验收进度，并分别在监理初检、竣工预验收、运行交接验收、投运前质量监督检查、竣工验收完毕后，必须在规定的时间内完成本体消缺工作。本体消缺工作完毕，经相关运维单位复核后，按规定向监理提交具备带电条件的报告。

（12）环保调查、水保评估单位职责：

1）检查环保水保监测监理工作开展情况，收集相关过程资料。

2）参加竣工阶段环保水保调查工作，提出整改意见，并在整改合格后，提交环保调查报告、水保技术评估报告。

2.8.4　验收计划

竣工验收工作应在建设管理单位预验收、生产运行单位交接验收完成后进行，满足××月底完成全部通道清理、具备带电条件。具体验收计划见下表。

序号	验收范围	开始时间	完成时间
1	××标段		

2.8.5　验收内容及范围

（1）验收内容本工程的竣工验收内容为一般线路工程及黄河大跨越工程、OPGW光纤通信的架空光缆工程，包括工程施工承包合同、有关委托及设计文件（含设计变更）界定的全部工程实物、通道清理、运行道路及工程档案资料（在线监测装置除外）。

（2）验收范围：

1）××线路工程。线路全线（含××大跨越）。

2）系统通信工程（架空缆路部分）。系统通信工程（架空缆路部分）验收范围包括工程直流线路OPGW光缆接续、T接光缆线路改造及接续以及光缆测试等。

2.8.6　线路测量验收

（1）一般规定验收规范中线路测量内容。

（2）线路复测竣工验收检查内容。

类别	检查项目	质量标准	测量工器具	人员组织
线路测量	中心桩横线路偏差	≤50mm	经纬仪、花杆、塔尺、钢卷尺、盒尺	测工、普工
	档距偏差	≤1%		
	相对标高	≤0.5m		
	转角度数	≤1′30″		
	跨越物净空距离	符合规范要求		

2.8.7　土石方工程验收

（1）一般规定验收规范中土石方工程内容。

（2）土石方工程竣工验收检查内容。

类别	检查（检验）项目	质 量 标 准	检查方法
土石方工程	基面清理	回填后的施工基面应平整，施工地锚坑应填平，不得出现冲沟、积水现象	现场测量
	施工弃土	合同、设计相关规定	现场检查
	基坑、接地沟回填	基础防沉层的高度不得高于基础顶面，接地沟回填土不应低于地面	外观检查
	运行道路	设计规定，详见13.6"运行道路验收要求"	现场测量

2.8.8　基础工程验收

（1）一般规定。验收规范中基础工程内容，包括大跨越基础。

（2）竣工验收检查内容。基础工程竣工验收现场检查，一般应以基础分部工程、隐蔽工程验收结论与记录为基础，特殊情况另行开挖检查。

类别	检查项目	质 量 标 准	测量工器具	人员组织
基础工程	混凝土强度及表面质量	强度符合设计要求；表面光滑，无蜂窝、麻面及露筋，基础棱角无破损	经纬仪 钢卷尺 测厚仪	测工、普工
	基础几何尺寸	施工验收规范		
	防腐层厚度	符合设计要求		
	基础防沉层	防沉层的高度不得高于基础顶面		
	散水坡及基面	基面整洁，不得积水		

2.8.9　铁塔工程验收

（1）一般规定。验收规范中铁塔工程内容，含防坠落装置验收，包括大跨越铁塔。

（2）竣工验收检查内容。

类别	检查项目	质 量 标 准	测量工器具	人员组织
铁塔工程	部件规格、数量、表面质量、安装工艺	符合设计、规范要求	经纬仪 扭矩扳手 钢卷尺	测工、普工、高空人员
	节点间主材弯曲	≤1/750 [1/800] 节点间长度		
	结构倾斜	一般塔不大于 2.5‰ [2‰]；高塔不大于1.5‰ [1.2‰]；转角不允许向受力侧倾斜		
	构件、防盗、防松部件	数量齐全、规格符合设计、穿向符合规范要求，螺栓紧固率不小于97%		

类别	检查项目	质　量　标　准	测量工器具	人员组织
铁塔工程	防坠落装置	按照 Q/GDW 162—2007《杆塔作业防坠落装置》对自锁器、导轨、速差器、连接器、安全绳、缓冲器、螺栓紧固、螺栓防松、螺栓防盗等进行检查	经纬仪扭矩扳手钢卷尺	测工、普工、高空人员
	铁塔保护帽	保护帽强度和尺寸应符合设计要求，保护帽应与塔脚板上部塔材结合紧密表面无裂纹		

注　括号内为优良标准。

2.8.10　架线工程验收

（1）一般规定。验收规范中架线工程内容，含光缆外观检查，包括大跨越线路。

（2）架线工程竣工验收检查内容。

类别	检查项目	质　量　标　准	测量工器具	人员准备
架线工程	导、地线弧垂	≤±2.5%［±2%］；极间，≤300［250］mm；大跨越，≤±1%［±0.8%］；极间，≤500mm；子线，≤50mm	经纬仪钢卷尺游标卡尺绝缘测绳对讲机	测工、普工、高空人员
	接续管	同档每线只允许接续管一个，弯曲度不大于 1%，位置符合《验收规范》要求；导线压接管对边距控制在 68.6～69mm 范围内		
	交叉跨越物距离	符合设计及规范要求		
	导、地表面质量、金具、附件跳线及电气间隙	符合设计、规范要求		
	防振锤、阻尼线	垂直安装且距离偏差不大于±30［±24］mm		
	间隔棒	间隔棒结构面与导线垂直，不应扭曲，数量符合设计要求；第一个安装距离偏差不大于±1.5%［±1.2%］；次档距，其余不大于±3%［±2.4%］		
	开口销及弹簧销	齐全并开口，穿向符合工艺要求		
	绝缘子串	悬垂线夹小于 400mm，两极同步相差不大于 50mm，绝缘子齐全、清洁		
	铝包带	缠绕规范、线夹出口不大于 10mm		

注　括号内为优良标准。

2.8.11　接地工程验收

（1）一般规定。验收规范中接地工程内容，包括大跨越线路。

（2）验收检查内容。

类别	检查项目	质量标准	测量工器具	人员组织
接地工程	接地电阻	符合设计要求	接地摇表 钢卷尺 扳手	技工、普工
	接地体连接、规格、长度	符合设计、规范要求		
	接地体埋深	符合设计要求		
	引下线安装工艺	平整、美观		

2.8.12　线路防护工程验收

一般要求。验收规范中线路防护工程内容，包括大跨越线路。

2.8.13　通道清理及运行道路验收

（1）总体要求。

（2）环保、水保要求。

（3）通道清理要求。

（4）房屋拆迁原则。

（5）树木跨越及砍伐原则。

（6）运行道路验收要求。

2.8.14　工程档案资料验收

（1）检查内容：

1）开工和竣工管理控制资料。

2）质量保证资料。

3）中间验收检查记录资料。

4）施工技术资料。

5）施工协议及赔偿记录资料。

6）厂家资料（铁塔、导线、绝缘子、金具、防坠落等）。

7）监理资料。

8）监造单位。

主材监造单位的监造计划、监造细则、监造报告。

（2）资料检查要求。对竣工资料的检查应符合：按工程管理程序、施工工序审查施工文件形成的完整性；依据现场施工实际情况审查施工记录内容的真实、可靠程度以及竣工图的质量；依据国家、电力行业、国网公司现行标准、规范及要求（特别是按照工程创优要求）审查施工文件的用表、施工文件签署程序。按照国家电网公司《电网建设项目档案管理办法》以及本工程《档案管理工作大纲及实施细则》《施工现场资料整理手册》明确的归档范围，审查竣工档案的齐全、完整、成套及归档文件质量情况；按系统整理要求审查竣工档案分类的科学性等；按文件的质量和编制要求审查文件形成、编制等质量情况。

竣工资料检查内容应包含对合同中有关文件编制和移交要求条款的检查项。

（3）档案整理要求。工程档案与本体工程同步移交。建设管理单位按照本工程《档案管理工作大纲及实施细则》的归档要求，完成建设单位项目档案的收集、整理、组卷及移交工作；并组织好建管范围内施工、监理、设计单位做好各自负责组卷、整理的档案工作，按期完成档案移交。

（4）归档份数。本工程要求每一个标段提交一式四套竣工资料，包括竣工图。其中向直流公司归档移交一套原件。同时移交一套 PDF 格式的电子版竣工资料，一套项目照片和音像资料。

（5）光通信工程。

（6）环境保护、水土保持。

2.8.15 竣工验收相关工作要求

三同步：确保"工程建设与档案资料整理同步，工程本体建设与通道清理同步，通道验收质量与实现环保水保验收标准同步"。

各建设管理单位组织施工单位，特别是主体工程提前完工涉及人员撤场的部分标段，现场要留有足够的作业人员，做好线路本体的看护、巡查和相应的应急准备工作，尤其是对冬季导地线覆冰情况加强监护，出现异常及时报告。

（1）验收质量要求。

（2）验收安全要求。

（3）切实加强线路本体及通道保护。

（4）尾工管理工作。

2.8.16 竣工验收考核

本工程竣工验收实行通道清理（包括运行通道验收）、档案管理与工程本体同步验收同步移交。施工三检、监理初检、竣工预验收等各级验收要层层连坐，级级把关，建立各级验收组织机构体系，明确组织机构人员，编制各级验收细则，明确验收计划，强调验收考核内容。

监理初检、竣工预验收等验收工作，在满足抽检比例及抽检要求的同时，尽可能避免各级验收重复抽检某基（档）现象发生。尽量增加验收覆盖面，保证验收的全面性。

附件一：竣工验收标准及依据

《混凝土结构工程施工质量验收规范》（GB 50204—2015）

《混凝土强度检验评定标准》（GBT 50107—2010）

《通用硅酸盐水泥》（GB 175—2007）

《输电线路铁塔制造技术条件》（GB/T 2694—2010）

《圆线同心绞架空导线》（GB/T 1179—2008）

《电力金具通用技术条件》（GB/T 2314—2008）

《科学技术档案案卷构成的一般要求》（GB/T 11822—2008）

《建筑防腐蚀工程施工及验收规范》（GB 50212—2014）

《国家重大建设项目文件归档要求与档案整理规范》（DA/T 28—2002）

《输变电工程建设标准强制性条文实施管理规程》（Q/GDW 1248—2016）

《工程建设标准强制性条文（电力工程部分）》（2011 年版）

《±800kV 及以下直流输电工程启动及竣工验收规程》（DL/T 5234—2010）

《电力建设安全工作规程（架空送电线路部分）》（DL 5009.2—2013）

《输电线路杆塔及电力金具用热浸镀锌螺栓与螺母》（DL/T 284—2012）

《输变电工程架空导线及地线液压压接工艺规程》（DL/T 5285—2013）（地线接续管适用）

《电力金具制造质量》（DL/T 768）

《电力光纤通信工程验收规范》（DL/T 5344—2006）

《光纤复合架空地线》（DL/T 832—2003）

《直流盘形悬式瓷绝缘子技术条件》（SD 192—1986）

《高压线路用有机复合绝缘子技术条件》（JB/T 5892—1991）

《盘形悬式玻璃绝缘子　玻璃件外观质量》（JB/T 9678—1999）

《普通混凝土配合比设计规程》（JGJ 55—2011）

《普通混凝土用砂、石质量及检验方法标准》（JGJ 52—2006）

《混凝土用水标准》（JGJ 63—2006）

《钢筋焊接及验收规程》（JGJ 18—2012）

《钢筋机械连接技术规程》（JGJ 107—2016）

《建筑桩基技术规范》（JGJ 94—2008）

《建筑基桩检测技术规范》（JGJ 106—2014）

《±800kV 架空送电线路施工及验收规范》（Q/GDW 1225—2014）

《±800kV 架空送电线路施工质量检验及评定规程》（Q/GDW 1226—2014）

《±800kV 及以下直流输电工程项目启动至竣工验收导则》（Q/GDW 258—2009）

《大截面导线压接工艺导则》（Q/GDW 1571—2014）（导线压接管适用）

《国家电网公司电网建设项目档案管理办法》及其释义

《××±800 千伏特高压直流线路工程施工工艺统一规定》

《××±800 千伏特高压直流输电工程档案管理工作方案》（直流综××号）

《国家电网公司基建质量管理通用规定》[国网（基建/2）112—2015]

《国家电网公司业主项目部标准化手册》（2014 版）

《国家优质工程评审管理办法》（2017）

《国家电网公司输变电优质工程评定管理办法》[国网（基建/3）182—2015]

《国家电网公司输变电工程验收管理办法》[国网（基建/3）188—2015]

国家电网公司其他有关制度、规定

项目法人《招标文件》、设计文件、合同及相关会议纪要

附件二：参建单位及任务一览表

本工程标段分界塔的铁塔、跳线串、接地体及前侧的耐张串、防振锤计入大号侧施工

标段；其后侧的耐张串、防振锤计入小号侧施工标段。

建管单位	运行单位	设计单位	监理单位	施工单位	施工标段

附件三：启动验收委员会线路工程竣工验收检查组机构
组长单位：国家电网公司直流建设部
副组长单位：国家电网公司运维检修部
国网××电力公司
国家电网公司直流建设分公司
国家电网公司信息通信分公司
国家电网公司物资有限公司

成员：国家电网公司直流建设部、运维检修部，国网××电力公司，国家电网公司直流建设分公司、国家电网公司物资有限公司，相关监理、设计、施工、运行单位人员。

附件四：甲供材料供应商清单

标段	物资名称	供应商名称	备注

附件五：竣工验收报告

××特高压直流输电线路工程竣工验收报告

一、概述
包括竣工验收时间，整改闭环情况。
二、验收范围
××特高压直流输电线路工程包括特高压直流输电线路本体、档案及通道三部分。
三、建设工期
开竣工时间、具备带电时间
四、参建单位
包括：建设管理单位、运维单位、设计单位、监理单位、施工单位、物资供应管理单位、物资监造单位
五、竣工验收情况
（一）竣工验收组织
检查分组情况说明
（二）竣工验收依据
1. 国家法规、政府发布的有关文件。
2. 国家及电力行业现行有关标准、规程、规范。

3. 国家电网公司发布的有关制度、规定、文件、标准。

4. ××特高压直流输电工程启动验收委员会相关文件。

5. 国家电网公司（或其授权单位）与监理、设计、施工（调试）、物资供应等有关单位分别签订的合同及其附件。

6. 经批准的工程设计文件及施工图（含设计变更通知单）。

7. 国家电网公司《输变电工程达标投产考核办法》（2011）。

8.《国家电网公司直流线路工程竣工验收办法（试行）》（直流线路〔2012〕198 号）

9.《××特高压直流输电线路工程竣工验收实施细则》（直流线路〔2017〕40 号）

10.《××特高压直流输电工程档案管理工作方案》（直流综〔2016〕91 号）

11.《±800kV 架空送电线路施工及验收规范》（Q/GDW 1225—2014）。

12.《±800kV 架空送电线路工程施工质量检验及评定规程》（Q/GDW 1226—2014）。

13.《±800kV 架空送电线路铁塔组立施工工艺导则》（Q/GDW 262—2009）。

14.《±800kV 架空送电线路张力架线施工工艺导则》（Q/GDW 1260—2014）。

15.《国家重大建设项目文件归档要求有与档案整理规范》（DA/T 28—2002）。

16. 其他相关文件。

（三）现场检查进程

现场检查组、资料检查组竣工验收时间

（四）检查项目与内容

基础及铁塔工程部分：1. 基础表面质量；2. 回填土；3. 保护帽；4. 节点主材弯曲；5. 结构倾斜；6. 构件防盗、防松；7. 铁塔镀锌；8. 防坠落装置安装。

架线工程部分：1. 导、地线弧垂；2. 导、地线压接管；3. 导、地线表面质量；4. 跳线安装电气间隙；5. 防振锤；6. 间隔棒；7. 开口销及弹簧销；8. 绝缘子串质量及偏移；9. 金具连接情况；10. 铝包带、预绞丝缠绕；11. 耐张跳线制作及工艺。

接地工程部分：1. 接地电阻；2. 接地体规格、埋深；3. 引下线安装工艺。

线路防护设施部分：1. 基面平整、排水沟、护坡挡土墙；2. 线路塔号牌、极相牌、警示牌等防护标志。

通道清理部分：1. 房屋拆迁、树木砍伐情况等。

（五）抽查情况

竣工验收现场检查采取抽查形式，重点抽查竣工预验收及运行交接验收缺陷处理情况、重要跨越档及线路通道等方面。本次验收共检查线路工程××个施工标段，平均按每个标段 10 基塔，9 档线进行抽查，总共抽查铁塔××基，验收比例约占工程量的××%，其中耐张塔××基，直线塔××基，走线检查××档（双极），接地检查××基。

六、竣工验收检查结论

（一）总体情况

本次检查组共检查××项，其中关键项目××项、重要项目××项，一般（外观）项目××项。根据现场检查情况，本工程质量总体上符合设计与验收规范的要求，根据质量评定标准，达到优良级别。

总结六个分部工程竣工验收情况。

（二）存在问题

检查过程中，发现的问题分类归纳如下：

1. 基础及铁塔分部工程

2. 架线分部工程

3. 接地工程

4. 线路防护设施

5. 档案资料

（三）整改建议

1. 基础及铁塔分部工程

2. 架线分部工程

3. 接地工程

4. 线路防护设施

5. 档案资料

七、后续工作安排

消缺工作、通道清理、环保、水保、档案编制移交、工程总结、依法合规、预结算、系统调试配合。

2.9 工程创优

2.9.1 工程创优措施

发挥建设单位的各项管理职能，促进管理创优。在管理模式上，建立"目标管理、超前策划、过程控制、阶段考核、整体创优"的工作机制，优化管理流程，健全管理制度，规范管理行为。各参建单位必须在进入工程施工现场前制定出自己的创优目标、工作方案和措施。在管理手段上，运用 ERP、基建管理等现代化信息管理技术，随时掌握工程建设动态，监控进入现场的每一批物资、设备质量和各阶段施工质量，控制工程建设的投资和进度，促使工程参建各方的责任到位。

突出监理在工程中的监督职能，坚持国优标准，确保工程目标实现。细化监理在工程中的监督责任，对相关参建单位的创优计划超前介入，认真审查，确保创优工作贯彻到各参建单位日常管理工作之中。强化工程质量的过程控制，对工程施工、安装监理按要求做到100%的到位。采取连带责任考核追究的管理措施，确保工程各阶段的质量验收成果真实、可靠。

强化专业队伍的专业化管理，全面落实标准化成果应用。健全工程施工中的质量管理体系、技术管理体系、质量保证体系，完善技术、质量管理制度，积极采用新工艺，提升工程内在质量水平；施工单位应细化工程创优目标，进行广泛动员，强化施工参与人员的工程创优意识，开展工程创优二次工艺策划活动，制定管理防范措施，消除工程质量通病，在工程实体质量满足优良标准的同时，追求观感质量；建立健全职业安全健康与环境管理体系，完善安全施工与环境保护管理制度，坚持做好安全文明施工，规范作业行为，营造整洁、有序的工作环境；结合工程施工实际，积极做好危险源、环境因素辨识、风险分析及控制措施的制定及实施，确保"安全双零"、无环境污染事故和投诉；准确、规范填写施工、安装（调试）原始记录，及时收集、整理有关技术资料和质量保证资料，做好工程声像资料的收集、整理工作。图片、声像等材料应能反映工程全貌、施工阶段（包括基础、结构和设备安装等）及主体工程的重要部位、隐蔽部位、施工技术和质量保证措施和工程的建设管理特色，确保工程资料的完整、真实和及时归档。

严把物资设备供应关，确保工程质量和进度。严格物资、设备进入现场的检验程序，杜绝质量不合格的物资、设备进入现场。

以生产运行标准考核促进夯实工程创优基础工作。强化"基建为生产"服务意识，生产运行单位参加工程重要阶段和关键项目的检查验收。生产运行单位准备工作提前安排，确保工程移交后立即进入规范化的运行阶段。

确保工程档案资料的真实、完整、规范。各参建单位落实档案管理人员，突出工程档案管理的地位。根据需要，对监理单位的档案管理工作进行定期或者阶段性的检查；同时，业主项目部与监理单位还将定期或者阶段性的对设计、施工、物资供应、运行单位的档案管理工作进行检查。以实现工程建设全过程的档案管理，确保工程竣工投产后 3 个月内全部移交。

2.9.2　绿色施工

绿色施工是指工程建设中，在保证质量安全等基本要求的前提下，通过科学管理和技术进步，最大限度地节约资源与减少对环境负面影响的施工活动，实现"四节一环保"。绿色施工管理主要包括组织管理、策划管理、实施管理、评价管理和人员安全与健康管理五个方面。

（1）组织管理：

1）建立绿色施工管理体系，并制定相应的管理制度与目标。

2）施工项目经理为绿色施工第一责任人，负责绿色施工的组织实施及目标实现，并指定绿色施工管理人员和监督人员。业主、监理负责监督绿色施工体系运行状态。

（2）策划管理：

1）编制绿色施工方案。

2）绿色施工方案应包括以下内容：

（a）环境保护措施，制定环境管理计划及应急救援预案，采取有效措施，降低环境负荷，保护地下设施和文物等资源。

（b）节材措施，在保证工程安全与质量的前提下，制定节材措施。如进行施工方案的节材优化，建筑垃圾减量化，尽量利用可循环材料等。

（c）节水措施，根据工程所在地的水资源状况，制定节水措施。

（d）节能措施，进行施工节能策划，确定目标，制定节能措施。

（e）节地与施工用地保护措施，制定临时用地指标、施工总平面布置规划及临时用地节地措施等。

（3）实施管理：

1）绿色施工应对整个施工过程实施动态管理，加强对施工策划、施工准备、材料采购、现场施工、工程验收等各阶段的管理和监督。

2）应结合工程项目的特点，有针对性地对绿色施工作相应的宣传，通过宣传营造绿色施工的氛围。

3）定期对职工进行绿色施工知识培训，增强职工绿色施工意识。

3 科技创新管理

特高压直流线路工程建设过程中要积极推广应用"五新"（新技术、新工艺、新流程、新设备、新材料）及建筑业十大新技术，确保该工程至少获省（部）级科技成果、QC小组成果奖各2项。

3.1 科技创新工作管理

建设管理单位相关部门牵头项目总体科技创新，配合国网直流部开展工程建设相关科技研究。业主项目部进行工程新技术应用示范工程管理策划，组织策划施工技术、QC管理，结合工程创优安排，制定新技术应用策划并组织实施。

各项研究专题承担单位负责成立研究工作组。研究工作组应严格按计划推进专题研究；确保研究资源投入，保障研究质量，确保依法依规合理使用研究经费；及时报告专题研究过程中的重大事项；专题实现预期研究目标后申请开展自验收和验收；按照国网公司统一要求，对研究成果、知识产权（专利、标准等）进行申请和保护。

业主项目部、建设管理单位按季按月跟踪相关科技项目、QC项目进展情况，及时协调相关事项进展，组织成果总结和奖项申报。

3.2 科研课题立项研究

公司线路管理部结合工程技术特点、环境特点和工程难点，组织公司牵头工程科研课题研究项目申报，根据直流部委托承担相关科研课题研究、实施计划编制、实施过程检查督导、阶段进展及成果总结、存在问题协调处理等，确保科研课题研究取得实际效果。

3.2.1 课题管理目标

课题管理的总体目标为：深化特高压直流线路工程关键技术研究，全面掌握特高压直流线路工程建设中施工技术，为工程建设提供科学依据，完善特高压直流线路工程建设标准、规程、规范体系，指导工程建设，促进特高压直流输电技术的规模化应用。

3.2.2 课题立项

建设管理单位根据特高压直流线路工程建设实际需要，提出课题需求，编写项目研究内容、计划以及研究预计成果，交由国网直流部进行立项论证、评审、批准立项三个阶段确立，由国网物资公司负责课题招标工作。完成招标工作后，课题承担单位负责填写科技项目合同，经建设管理单位审查合格后，送财务、法律等有关部门审查会签后正式签订。合同签订后，执行单位根据进度计划组织实施。

建设管理单位负责的课题可分为两个部分：一是支撑工程建设的相关课题；二是新材料、新工艺、新技术研制相关课题。

3.2.3 课题过程管理

（1）加强课题与工程互动衔接。建设管理单位对课题研究全过程进行跟踪、协调、检查，确保各研究进展的可控、在控。根据课题研究和工程建设的需要，定期或适时组织专题技术交流、专题技术研讨和研究成果中间评审会，促进各相关课题之间加强信息交流，及时应用最新成果，调整研究思路和方法，保障科研成果正确、有效。重点加强科研与参建单位之间的信息沟通和资料交换，根据工程需求刷新研究边界条件，并依托攻关成果进一步组织工程专题研究，形成科研攻关与工程设计互动的常态机制，解决制约科研进度和工程建设的关键问题。

（2）强化课题中间检查、成果验收与评审。加强课题研究过程中间检查，精心组织课题验收及成果评审。中间检查，重点检查课题工作进度、课题的研究路线和方法是否得当。在课题研究各个阶段，及时组织相关专业权威专家进行专题研讨、中间审查、专项验收，紧密结合工程实践反复论证、多重把关，严格执行成果评审及课题验收程序，保证研究成果的质量，确保课题研究成果能在工程中得到有效应用，实现工程建设全面自主化。依托科研成果和工程实践，同步推进标准体系建设，推动在特高压直流线路工程中的规模应用。

研究课题完成后，首先由课题承担单位进行内部评审验收，满足条件后提交建设管理单位审查，初审合格后组织专家验收。验收应组织相关专业知名专家参加，对课题的技术路线、研究方法和结论进行推敲、质疑，指出课题的优点和需要进一步完善的内容。由承担单位修改完善、达到验收要求。重大关键技术问题组织公司级审查。由国家电网公司领导主持，相关专业知名专家参加，对研究结论进行最后的决策。

3.2.4 科研成果管理

课题结题之后，建设管理单位组织课题承担单位对课题研究成果进行梳理，深度挖掘成果中可能存在的专利申请点，组织开展专利申报书编写工作，提出专利申请技术交底书及相关法律文书。最后将专利申请资料提交给国网相关部门申请相应的专利。

在遵守国网公司保密规定的前提下，建设管理单位对课题研究成果进行全面总结，将成果资料提交给国网直流部。直流部将择优录入《国家电网公司特高压输电技术研究成果专辑》，并在国际国内相关学术刊物、有影响的大会如 CIGRE、IEEE 年会上发表中国特高压研究成就的文章或研究报告。

建设管理单位根据课题研究成果的重要性，按照奖项申报时间安排和申报要求，提前筹备资料，组织申报国网公司、行业及国家有关工程和科技奖项。

4 工 程 总 结

工程总结是对一项输变电建设过程的回顾和记录，也是开展对工程从规划到运行过程的工作总结，在工程总结中体现了工程的各项技术特点、管理亮点、施工难点、科技创新点和相关的重大事件的记录和总结，是提升工程规划、施工、建设管理水平的必要手段。同时，工程总结还是工程档案最重要的组成部分，是提升工程综合水平的途径，也是工程创优必不可少的内容，一般在工程建设结束后由各参建单位分别完成各自所涉及的内容后，再由总结编制牵头单位组织汇总和出版。

4.1 编写工程总结的组织机构

工程总结作为从可研、初设、施工图、施工全过程的一项综合性工作，一般由国网公司直流建设部作为责任部门，由其组织所有参建设计、监理、施工、监造、信通、物资、建管、科研和调试运维等单位成立工程的总结编写小组。编写小组的相关参与人员，根据各自的专业工作分工，按照总结编写的整体深度要求和组织结构分别编写各自负责的部分，待各部分完成后由牵头单位负责总体汇总修改。

4.2 编写总结的流程

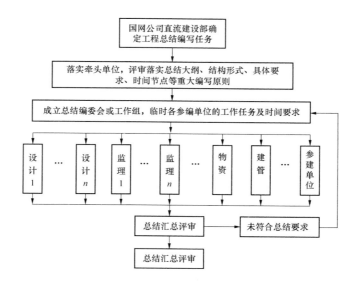

4.3 技术支撑总结主要内容

输电线路的技术支撑工作总结从工程开始介入时开始总结相关工作内容，特别是前期的科研准备工作、创优策划等工作内容，重点是工程建设期间的技术支撑工作，及采取的支撑方式和取得的主要成果。其内容主要体现在以下几方面：

4.3.1 前期管理策划管理及工艺标准的统一规划。

4.3.2 工程建设管理及关键技术培训。

4.3.3 重大施工技术方案复核评审。

4.3.4 现场安全质量协同监督检查方式方法。

4.3.5 技术资料及档案管理。

4.3.6 环保水保技术支撑的开展。

4.3.7 创优策划及工程总结分析。

第 二 篇

安全质量协同监督工作典型经验

1 概　述

　　为落实国家电网公司安全工作意见，深入开展安全管理提升活动，确保各项安全要求和措施落实到位，保障特高压工程项目安全优质建设，2015 年国家电网公司安质部、基建部、直流部、交流部决定总部协同开展特高压工程项目建设安全监督工作。

　　协同监督工作意在加强国家电网公司安质部、基建部、直流部、交流部横向协调，充分发挥国网交流建设分公司、国网直流建设分公司（以下检查直流公司）作用，统筹公司资源，协同履行监督职责，减轻基层负担，合力开展特高压工程项目建设安全监督，督促指导项目建设各方落实主体责任、管控施工现场风险，防范安全事故（件）。

2 协同监督发展

目前，特高压电网已从技术创新、工程示范进入全面大规模建设的新阶段，工程项目建设任务繁重，做好安全质量全过程管控，确保特高压又好又快发展至关重要。

2015 年灵州—绍兴、酒泉—湖南、晋北—江苏三条特高压直流工程在建，且灵州—绍兴±800kV 输电线路工程是第一条 1250mm² 大截面导线全面应用的第一个工程，2015年下半年正值架线高峰。2016 年开始特高压直流工程迎来第一个建设高峰，在建酒泉–湖南、晋北—江苏两直特高压工程，新开锡盟—泰州、上海庙—山东、扎鲁特—山东、昌吉—古泉四直特高压工程，同期共六条特高压工程同时施工，线路总长 10 830km，分布16 个省市，建管段 34 个，施工标段 82 个，监理标段 54 个，呈现参建单位多、施工范围广，施工人员密集、高风险作业多等特点。2017 年随着酒湖、晋江、锡泰、上山、扎青工程陆续进入竣工投运，下半年又将迎来陕北—武汉、雅中—江西、张北柔直等工程陆续开工，总部协同监督工作仍然是任重道远。

直流公司开展协同监督依据《国网安质部关于总部协同开展特高压工程项目建设安全监督工作的通知》（安质二〔2015〕3 号），在公司《特高压直流线路工程技术支撑工作规范》和《特高压直流线路工程技术支撑工作手册》（2016 版）指导下开展工作，目前已形成职责分工、组织协调、工作方法、整改闭环、总结与评价总体框架。

直流公司认清当前形势，依据特高压直流线路工程建设特点和建设进度、现场管控风险点，找准工作定位，突出工作重点，完善工作机制，创新工作方式方法，加强业务协同，充分调动参建单位资源力量，探索一条切实可行的协同监督检查方法。

3 协同监督工作机制

在直流建设部的统一组织和带领下，直流公司找准工作定位，完善工作机制，创新支撑服务方式方法，突出技术支撑重点，强化业务协同配合，集中资源力量，体现技术支撑专业化、标准化、针对性，提高技术支撑工作质量、效率、水平及各方面对支撑工作满意度，做到"规定动作有成效、自选动作有亮点、到位不越位"，而协同监督检查是技术支撑的重要工作内容。

协同监督主要内容包括施工现场监督检查与指导、重大安全风险分析与督导、安全专项工作的督导等，综合采取计划检查、"四不两直"飞行检查等多种方式进行。协同监督检查是技术支撑工作的主要内容之一。

3.1 单位职责分工

（1）国家电网公司安质部、基建部、交流部、直流部按照部门职能和公司工作安排，负责提出协同监督内容、时间安排、重点监督对象等计划；带队或派员参加协同监督工作；督促参建单位（建管单位、施工单位、监理单位、设计单位）整改协同监督发现的问题和隐患。

（2）直流公司是协同监督的实施主体，负责根据总部相关部门提出的协同监督计划及特高压工程项目建设进度，分别编制特高压直流工程项目建设协同监督年度工作方案及双月工作计划；具体组织实施协同监督计划；督促指导参建单位（建管单位、施工单位、监理单位、设计单位）整改总部协同监督发现的问题和隐患。

（3）特高压直流工程项目参建单位（建管单位、施工单位、监理单位、设计单位）按照公司有关规定，分别是特高压建设项目建设管理、建设施工、监理方面的安全责任主体，负责落实国家、行业和公司各项安全要求和措施，接受协同监督，组织闭环整改协同监督发现的问题和隐患。

3.2 工作职责

直流公司是协同监督的实施主体，具体组织实施总部协同监督计划，督促指导参建单位（建设单位、设计单位、施工单位、监理单位）整改协同监督发现的问题和隐患。根据公司"两级管控、一体化运作"模式管理规定，特高压直流线路工程协同监督公司各部门、工程建设部及检查组。

3.2.1 线路管理部

（1）组织策划标准化开工检查、安全质量协同监督检查及现场重大风险点抽查工作。

（2）组建专家检查组，确定检查行程安排。

（3）制定检查大纲，统一检查要求和重点。

（4）汇总检查报告，提交公司安全质量部。

（5）汇总检查报告上报国网直流部，采用 PPT 方式对安全质量管控情况进行点评。

3.2.2 工程建设部

（1）参与标准化开工检查、安全质量协同监督检查及现场重大风险点抽查工作。

（2）适时开展现场四级及以上重大风险现场督导工作。

（3）具体协调专家检查组成员上报，审查专家成员技术水平符合性。

（4）按工程汇总检查总结报告。

3.2.3 检查组

（1）按要求开展标准化开工检查、安全质量协同监督检查及现场重大风险点抽查工作，复核以往检查整改闭环情况。

（2）根据检查情况，下发检查整改通知单、检查报告。

（3）对检查标段的参建单位进行考核评分。

3.3 工作流程

（1）根据直流建设工程总体安排，开展季度协同监督检查工作。

（2）制定协同监督检查工作计划，具体明确检查的时间、检查方式和线路标段等内容，并制定检查大纲，统一检查要求和重点。

（3）组建专家检查组，确定检查任务和时间要求。

（4）检查上报直流建设部批准后下发检查通知至所查工程的沿线各建管单位。

（5）根据检查通知，采取突击抽查的方式，一般不提前通知，确定检查当天电话通知被检查业主项目部开始检查。

（6）检查组现场与被检单位（业主、监理、施工）沟通反馈，形成检查记录（见附表）。

（7）汇总检查报告，提交公司安全质量部（一般检查结束 7 日后）。

（8）汇总检查报告上报国家电网公司直流部，采用 PPT 方式对安全质量管控情况进行点评。

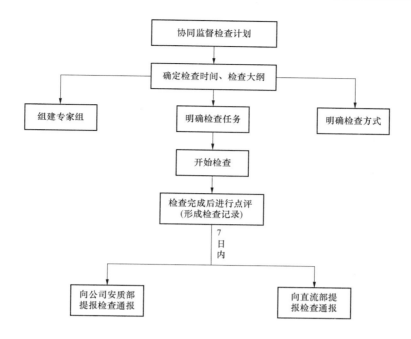

3.4 协同监督主要内容

（1）重大安全风险分析与督导。根据公司安全风险管理要求，在项目开工前，组织各参建单位全面系统分析建设过程中的安全风险，针对性制定管控措施，编制安全风险分析及管控策划方案；在建设过程中，督促各参建单位抓好策划方案的培训和管控措施的落实；建设投运后，组织进行后评估。

（2）施工现场监督检查与指导。根据项目建设实际进度，对线路基础、组塔、放线施工等关键工序，以及跨越施工、落地抱杆、脚手架搭设拆除等四级高风险作业，开展现场监督，对存在的问题和隐患进行督导整改。

（3）安全专项工作的督导。根据公司安全质量工作的总体安排以及专业管理需求，组织开展分包管理、大件运输、施工方案编审批执行以及标准工艺应用等方面工作开展专项监督，督促落实公司安全质量管理措施要求。

3.5 总部协同监督实施要求

（1）加强统筹。协同监督工作组成员部门及时提出需求，国网直流公司在此基础上，结合工程实际，统筹制定年度工作方案和双月工作计划，确保针对性和有效性。

（2）统一标准。依据公司通用制度、标准以及《电网工程建设安全监督检查工作规范（试行）》等，结合特高压工程建设管理特点，制定监督检查标准，统一总部协同监督评判尺度。

（3）方式灵活。综合采取"四不两直"、计划检查等多种方式，运用专家查看、询问以及 3G 视频、无人机航拍等手段，提高协同监督质量和效率。

（4）闭环管理。统一应用电网工程建设安全检查整改通知单和回复单，督促各参建单位切实整改协同监督发现的问题和隐患，确保协同监督效果。

3.6 协同监督主要做法

3.6.1 主要内容

成立协同监督检查组，依据检查大纲，对参建单位内业资料和现场施工进行互补性检查。

原则上每个施工标段检查 1 天（涵盖业主、监理、施工），其中现场检查 3 基（注重安全风险大的作业现场，同时兼顾施工全面，如组塔、架线现场必查，新开工程应将项目部、材料站纳入检查范围），资料检查同步配合进行。

3.6.2 解决问题的基本思路

根据"总部统筹协调、属地省公司建设管理、专业公司技术支撑"的新模式与以前模式的根本区别在于将过去单一的建设管理主体转变为多元建设管理主体。从新管理模式的构成和现实条件来看，直流公司专业管理是新管理模式下的核心，省公司业主项目部属地管理是新模式下所要培育的重点。在制度框架和科学管理体系下如何使二者充分发挥各自的优势，形成最大合力，而协同监督检查也是新模式下一个重要的管理手段。而检查标准的统一性，检查组人员的优化及检查后的整改闭环是协同监督检查能取得最大效果的重要组成部分。

3.6.3 主要方法

随着大规模特高压建设高峰到来，在现有资源条件下，为了有效推进特高压工程协同监督工作，我们进行了多种方式方法探索，总体思路是由按照单个工程设置检查组，调整为以省为单位开展的交叉互查，打破工程界限。检查组成员主要由各省参建单位提供，组长由直流公司人员担任。检查组成员基本相对固定，一般由组长、副组长各 1 人，成员 4 人（业主、监理、施工）组成。检查大纲根据工程在建情况，分为标准化开工检查大纲和阶段性检查大纲两类，根据每次检查侧重点不同，动态调整检查大纲内容。

3.7 协同监督检查保证措施

（1）严格检查尺度标准的统一性。每次检查之前，直流公司线路管理部组织召开启动动员会，针对检查方案、检查大纲、检查程序、行程安排、工作纪律等方面进行培训动员，明确检查统一尺度标准。

（2）提高检查重要性。直流公司线路管理部成立督导组，根据检查总体行程随机到各组进行督导，各组总结会时公司领导、直流部、安质部随机参加，并由业主项目部邀请相关省公司领导参会，提高省公司重视程度，促进业主项目部对整改问题的闭环落实到位。

（3）提高检查组专家能力水平。采取由各省公司推荐专家加入协同监督检查组，重点来源是建管、监理、施工项目部成员。通过检查组不断实践，为工程培养一批懂管理，懂技术、懂安全、懂质量的复合人才。即解决了检查专家紧缺的问题，又能提高参建单位现场的安全质量管控能力。

4　协同监督检查典型经验

随着特高压直流工程建设任务日趋繁重，为完成全覆盖式的协同监督检查，要想凭借直流公司现有从事线路工程管理人员，不能支持我们在同期开展协同监督检查的需要。专家资源紧缺、检查方式死板、检查重点不突出等几项问题突显。因此必须创新管理思路，优化组织实施，培养专家队伍，最终提升参建单位自身造血能力，变被动迎检为常态化风险隐患排查、自查，从而达到协同监督的最初目的。

4.1　优化协同监督检查方式

针对目前特高压直流线路工程协同监督检查实际现状，公司每次协同监督均组织参建单位进行调研，重点听取对检查组织、检查方式、检查手段、专家组成、现场检查及资料检查实际效果等方面意见，坚持问题导向，动态调整改进措施，提高协同监督检查工作质量、效率和效果。开展了以下七种方式进行协同监督检查。

（1）采取打破工程界限的跨省检查方式，采取点对点小交叉方式，即两省专家共同组成专家组互查。

（2）采取省际交叉检查方式，各省专家按专业随机分配到各检查组。

（3）采取省际交叉和单条线路独立检查方式。

（4）季度协同监督检查将实行直流公司总体控制检查时间和分组，各组具体检查安排采取"四不两直"方式，由组长确定。

（5）使用无人机辅助检查。

（6）根据工程建设不同阶段，有针对性地开展以抽查重点标段为主的方式开展专项检查，如索道运输、大截面导线架线施工、邻近带电体组塔、架线施工等。

（7）季度协同监督检查采取由施工、监理对检查点进行预检、专家组检查结合方式，视双方检查结果对比进行通报。

4.2　优化检查大纲

随着特高压工程建设不断推进，工程安全、质量要求日益提高，如何落实总部工作要求，实现检查目的，对检查大纲的完善显得尤为重要，开展了以下工作。

（1）利用每次协同监督检查机会，听取参建单位反馈意见，完善检查大纲。

（2）细化检查大纲内容，使得检查内容具体。旨在解决不同专家人员对检查内容存在不同理解或检查标准和深度不一致的问题。同时也能够更好地指导参建单位做好自查。

（3）规范检查方法，明确主要检查内容和标准。

4.3 专家队伍建设

随着特高压直流工程建设任务日趋繁重，专家资源紧缺。因此必须创新管理思路，优化组织实施，培养专家队伍，最终提升参建单位自身造血能力，变被动迎检为常态化风险隐患排查、自查，从而达到协同监督的最初目的。

采取以直流公司线路行业专家为组长、各省公司推荐专家加入协同监督检查组，重点来源是建管、监理、施工项目部成员。建立专家队伍选拔、淘汰机制。

5 协同监督检查组织实施

5.1 检查组织

在特高压直流线路工程大规模建设环境条件下，需要协同监督检查方式方法、专家队伍构成、检查针对性等不断变化调整。

检查组组建由线路部具体负责，工程建设部协调配合。检查组组建根据检查内容、检查方式等确定组建方式。

采取由属地省公司推荐专家成员进入检查组，直流公司人员担任检查组组长，检查成员一般为 3～5 人。专家成员重点来源是参与过特高压直流线路工程一线管理人员，包括建管、监理、施工单位成员；也可以是直流公司认可的业内专家。省公司推荐成员应经工程建设部线路技术支撑代表根据上报的人员信息进行把关，审核通过后提交线路部。

飞行检查采用谁检查、谁负责的方式组建检查组。线路部、工程建设部均可根据上级工作安排、建设管理支撑需求或重大安全风险督导节点等组建检查组，适时开展飞行检查工作。检查组组长由直流公司人员担任，检查组成员一般不少于 2～3 人，且应至少包括一名业内知名技术专家。

5.2 检查方式

5.2.1　计划检查

标准化开工检查、季度在开展协同监督检查及春节复工检查时，由线路部负责起草检查通知，经国网直流部审查后盖章至各受检项目参建单位。检查通知应包括检查时间、检查内容、检查方式、检查分组情况、检查成果、相关工作安排、联系人等相关内容。

5.2.2　"四不两直"检查

结合工程不同建设阶段的重点安全管控要点，或根据直流部、公司主管领导现场视察工作安排，线路部应定期或不定期组织开展"四不两直"检查工作。

5.2.3　专项督查

工程建设过程中，凡涉及四级及以上重大安全风险作业时，工程建设部应组织现场督导检查。如同一时间多个现场涉及重大风险点时，应保证按月对每一省公司至少开展一次现场督导检查。

5.3 检查手段

5.3.1 听取汇报及座谈

检查组在听取汇报时，应对参会人员、汇报内容进行检查和点评，检查参加人员到位和职务级别是否符合通知要求、汇报内容是否真实准确，点评汇报范围是否与检查要求一致。听取汇报只在计划检查和专项督查时使用，"四不两直"不需听取汇报。

5.3.2 现场查看

（1）标准化开工现场检查主要为项目部、材料站建设及管理体系运转情况。

（2）季度协同监督现场检查应不少于 3 个检查点，检查地点由检查组根据现场作业内容、特点进行抽查。

（3）"四不两直"现场检查由检查组根据工程周报的施工计划随机选取，直插施工现场进行检查。

（4）专项督查现场主要针对四级及以上安全风险作业点进行检查。

5.3.3 资料检查

协同监督资料检查与档案专项检查重点不同，主要针对安全质量体系运转的符合性进行检查。

5.3.4 无人机辅助检查

无人机辅助检查主要针对高处作业、陡峭山地施工、环保水保措施等进行细节拍摄或航拍，加大检查覆盖面、提高检查效率。

5.3.5 3G 视频检查

（1）利用国网视频监控终端，适时开展后台实时管控工作，尤其是重大风险作业点较多无法进行检查督导时，充分利用 3G 视频进行后台监控。

（2）对现场信号差，无法正常使用的，施工现场应利用摄像功能，拍摄并存储重要施工作业情况短片。

5.4 检查内容和方法

直流公司结合当前形势，依据特高压直流线路工程建设特点、现场管控风险点，找准工作定位，突出工作重点，完善工作机制，创新工作方式方法，加强业务协同，充分调动参建单位资源力量，不断完善协同监督检查内容和方法。结合工程建设规模和特点，针对协同监督开展的主要检查活动，分别制定了具体检查内容、检查方法及检查大纲。

5.4.1 标准化开工检查

（1）检查内容。业主、设计、监理、施工项目部标准化开工准备情况，项目部机构组建、人员配置、管理策划、技术资料报批手续办理、标准化开工准备、"五方签证"签订情况及设计遗留问题处理情况等。

（2）检查方法。原则按照单个工程设置检查组，施工标段在 10 家以上时可增加 1 个检查组。检查方式主要为听取汇报、资料查阅、项目部和材料站检查等。

在时间允许的情况下与季度协同监督检查同步进行，检查行程安排与协同检查组交叉进行。

（3）检查大纲。标准化开工检查大应包括开工必备条件、工程招标特殊要求、设计单位相关工作完成情况以及三个项目部（业主、监理、施工）的建设、组织机构、前期策划文件、教育培训、材料站建设和材料准备等相关开工准备是否完善。

5.4.2 季度协同监督检查

（1）检查内容。季度协同监督检查重点为业主、监理、施工项目部日常管理情况，基础、组塔、架线施工现场，且应重点对现场重大风险施工现场做到必查。原则上每个施工标段检查 1 天（涵盖业主、监理、施工），其中现场检查 3 基（注重安全风险大的作业现场，同时兼顾施工全方位，如组塔、架线现场必查，新开工程应将项目部、材料站纳入检查范围），资料检查同步配合进行。

春节复工检查与一季度协同监督检查同步开展，重点检查工程节后复工必须满足的"五项基本条件"。

1）业主、监理、施工项目部主要负责人，安全管理、技术管理人员，施工负责人、专兼职安全员作业现场到位。

2）业主项目部主持召开复工前"收心"会，全面掌握复工作业内容，保证施工作业力能配置完备，完成施工作业安全风险动态评估、落实各项安全保障措施后，下达"复工令"。

3）施工机械和安全防护设施经检查完好，组织并记录作业环境踏勘结果，与停工前存在较大变化的应完成专项措施制定。

4）完成新入场人员安全教育培训，培训情况有记录，剔除培训考试不合格人员，不合格人员流向清晰。

5）作业人员熟悉施工方案和作业指导书，完成复工前的全员安全技术交底和签字。

（2）检查方法。在特高压直流线路工程大规模建设期间，重点以省（打破工程界限）为单位开展检查，采用同一检查组检查 1～2 家属地省公司建管段内的在建特高压直流线路工程。检查行程安排由线路部确定检查组检查范围，属地省公司业主项目部负责合理安排检查顺序、提高检查效率。检查方式至少应包括听取汇报、现场查看、资料检查，需要时可采取无人机辅助检查、3G 视频监督进行检查。

为进一步提高检查时效，特提出创新检查方式在后续季度协同监督检查施工实行。

1）线路部根据同期在建特高压直流线路工程现场施工进展、工程所在地域分布等情况，组建检查组、确定检查组组长。对每一检查组只明确检查范围、检查重点及检查时间段。

2）各检查组组长在熟悉检查任务的前提下，依据现场各标段施工进展情况，自主确定检查行程，在规定的时间内完成现场检查任务。

（3）检查大纲。季度协同监督检查主要检查内容应包括安全质量体系运行、分包管理、档案管理、数码照片管理、环水保管理、"单基防控"、"十项基建安全管理通病"专项整治、质量通病防治控制措施、施工机械和工器具管理、风险管控及安全质量通病防治、人员同进同出等落实情况。季度协同监督检查大纲策划详见附件2。

（4）检查保证措施：

1）严格检查尺度标准的统一性。每次检查之前，线路部负责组织召开启动动员会，公司主管领导参加，会议针对检查方案、检查大纲、检查程序、行程安排、工作纪律等方面进行培训动员，明确检查统一尺度标准。

2）提高检查重要性。线路部组织成立督导组，根据检查总体行程随机到各组进行督导，各组总结会时公司领导和直流部、安质部相关人员随机参加，业主项目部应邀请相关省公司领导参会，提高省公司重视程度，促进业主项目部对整改问题的闭环落实到位。

3）提高检查组专家能力水平。各省公司推荐专家加入协同监督检查组，检查成员主要应为在建特高压直流线路工程建管、监理、施工项目部成员。通过检查组不断实践，为工程培养一批懂管理、懂技术、懂安全、懂质量的复合型人才，同时提高参建单位现场的安全质量管控水平。

（5）整改闭环要求：

1）检查组应针对施工标段各相关责任单位提出检查意见，及时反馈相关受检单位。检查结果应形成电网工程建设安全检查整改通知单（见附件3）、协同监督检查通报（见附件4）。

2）各建设管理负责现场检查问题的组织整改和复检工作，检查组在后续协同监督检查中核查整改闭环是否及时、真实、规范。

（6）通报与考核评价：

1）检查通报。在每季度协同监督检查完成后，公司线路管理部针对工程检查结果形成检查通报；依据现场安全质量检查情况，对业主、监理、施工项目部按照考评标准进行总体考核评价，形成考评建议，一并报国网直流部、公司相关领导及有关职能部门。

2）考核评价：

（a）直流公司受国家电网公司直流部委托，每季度协同监督检查完成后，各检查组根据国家电网公司直流部印发的《国家电网公司直流线路工程业主、监理、施工项目部考核评价办法（试行）》，对各标段的建管、监理、施工单位提出扣分建议，作为履约评价依据。

（b）考核工作按得分率（%）进行评价。得分率，≥90，评价为优良；80≤得分率<90，评价为良好；60≤得分率<80，评价为合格；得分率，<60，评价为不合格。

（c）线路管理部根据各检查组的履约评价分数，对业主、监理、施工项目部的履约能力进行阶段性总体评价考核，阶段性考核将作为工程总体考核评价的重要依据。

（d）工程建设过程中阶段性考核和总体考核的成绩，作为公司对工程有关表彰和评优的重要依据。同时，监理、施工等单位的考核评价结果（考核评价结果占比60%）、现场协同监督检查结果（占比40%），线路管理部汇总形成评价报告（见附件5），提交直流部并与后续直流工程招标联动。

附件 1　特高压直流输电线路工程标准化开工检查大纲

序号	项目	具体内容及检查要点	资料形式	检查结果
开工必备条件：本工程存在以下情况局部段线路不能开工：① 设计遗留问题未处理完毕不开工；② 路径协议不完整或存在后续需进一步完善手续未落实不开工；③ 先迁后建工作未落实，如重大厂矿拆迁协议未签订不开工；④ 线路交桩、复测未完成不开工；⑤ 未完成五方签证不开工				
1	设计遗留问题	直流部确定设计遗留问题是否处理完毕	文件、协议资料	
2	路径协议完备性	路径协议是否完整或在协议中存在后续需进一步完善手续是否已落实	地方政府路径批复相关文件及路径协议等	
3	先迁后建工作	先迁后建工作是否已落实。核查协议的完备性，特别是通道内厂矿企业等涉及重大赔偿的通道障碍物补偿协议，以及重点区段的房屋等构建筑物拆迁协议是否签订。相关资料是否报备直流部	文件、协议	
4	线路交桩、复测	是否完成线路交桩、复测，复测记录信息是否完整、准确	线路复测记录	
5	五方签证	是否完成五方签证并报国网直流部备案。五方签证内容是否完整，包括线路通道房屋、压矿、电力线路、林木等数量及本体工程量等重要内容。五方签证的本体部分是否包括尖峰、基面开方、保坎、护坡、挡土墙、排水渠、余土清运、巡检道路以及特殊的安全、质量措施等	五方签证资料	
特殊管理要求：本工程较以往工程增加以下特设要求。包括：机械化施工推广；视频监控应用；工器具安全性能评估；重要装备国网租赁平台统一租赁；建管单位牵头桩基检测				
1	机械化施工	施工单位根据工程具体特点和项目管理需要，编制机械化基坑成孔、索道运输、大型吊车组塔等机械化施工推广方案	机械化施工策划方案、设备租赁协议	
2	视频监控应用	业主、监理、施工项目部是否制定了视频采集方案，包括采集视频位置、频次、时长及管理等内容。配置数量是否满足一般线路按施工标包长度每20km（余数超过15km）一套配置3G视频前端系统。大跨越单位配置2套3G视频前端系统	视频监控采集方案实物或采购委托书	
3	工器具安全性能评估	施工单位是否向具有相应资质的检测单位签订施工工具器安全性能评估合同或委托意向书。安全性能评估单位资质：具有电力行业施工机械检测资质，并具有特种设备资质检测人员不少于5人，电力行业施工机械检测高级职称人员不少于5人	合同或委托意向书	
4	重要装备租赁	国家电网公司系统施工单位是否向国网公司租赁中心提供租赁1250mm²级导线配套放线滑车、张力机的租赁计划及书面承诺；其他施工单位是否提供以上装备的购置或租赁计划	1250mm²大截面导线放线张力机、放线滑车的租赁计划	
5	桩基检测	建设管理单位（业主项目部）是否统一组织了桩基检测单位选定工作，桩基检测单位是否符合施工招标文件规定资质：① 投标人必须具有中华人民共和国独立法人资格，必须是具有履行中华人民共和国法人合同能力或资格的单位；② 投标人必须具有省级及以上建设行政主管部门或中国国家认证认可监督管理委员会颁发的地基工程检测资质证书或电力建设工程质量检测资质，且通过质量体系认证和计量合格认证。拥有《资质认定计量认证证书》	会议记录及资质文件	

续表

责任单位：建设管理单位（业主项目部）				
序号	项目	具体内容及检查要点	资料形式	检查结果
1	业主项目部	组建业主项目部，开展项目管理工作，并报国家电网公司备案以不超过 300km 为标准，设置一个或多个业主项目部（项目经理可兼任）。项目经理必须由建设管理单位基建管理部门分管副主任担任，运行维护单位分管领导、沿线属地公司负责人分别任业主项目部副经理。项目经理、安全专责、质量专责等主要管理人员须按公司规定，培训合格，持证上岗。 项目部布置符合《国家电网公司输变电工程安全文明施工标准化管理办法》[国网（基建/3）187—2015] 相关要求	业主项目部文件及现场情况	
2	安全培训准入	结合特高压工程"统一责任、分层培训、考核准入、持证上岗"的安全培训与准入要求，建立培训准入机制，建立管理台账，做到主要管理人员和施工技能人员持证上岗，实行动态管理	安全培训、准入台账	
3	合同及安全协议书	按规定签订中标合同，签订中标合同时应与各参建监理、施工单位签订合同和安全协议书。 按照线路工程甲供物资属地化管理原则，签订基础插入角钢、地角螺栓供货合同	监理、施工合同及安全协议书、插入角钢、地角螺栓供货合同	
4	项目安全委员会	成立工程建设项目安委会，建立工程建设项目安全管理保障体系和监督体系，报直流建设部备案。 安委会主任由分管副总经理担任，安委会常务副主任由业主项目经理担任。安委会主任应主持召开工程开工前首次会议和每季度安委会会议。日常安委会活动可由常务副主任主持	相关文件、会议纪要、记录	
5	第一次工地会议	开工前，建设管理单位是否依据"第一次工地会议"标准议程，组织、主持各方召开第一次工地会议，明确工程目标与组织机构，对建设单位现场代表和工程总监进行授权等	第一次工地会议纪要	
6	基础施工图设计交底及会检	组织相关单位进行施工图设计交底及会检。设计交底应有书面交底材料，内容应结合工程实际，突出特殊地质等特殊基础技术要求和机械化施工内容，并在设计交底时强调相关安全风险	施工图设计交底及会检纪要	
7	二次培训	工程总体建设管理交底后，在工程开工前是否组织参建单位进行二次交底，内容涵盖安全、质量、环保水保、档案等管理要求	培训资料、培训总结等	
8	建设管理纲要	《工程建设管理纲要》是否含有创优措施、"标准工艺"实施策划专篇内容，细化各项目标、任务，落实各项责任，明确现场管理的组织体系和各参建单位的职责，细化技术、质量、安全、进度、物资、计划、财务、信息、档案等各项管理制度	建设管理纲要及相关文件	
9	安全管理总体策划	《安全管理总体策划》，是否对本项目安全管理的具体要求，明确工程项目建设过程中安全健康与环境管理文件，以组织、协调、监督现场安全文明施工工作，落实《特高压直流输电线路工程现场强化安全监督管理专项措施（试行）》（直流线路〔2015〕71 号）相关工作，确保安全文明施工目标的实现	相关策划文件	

续表

序号	项目	具体内容及检查要点	资料形式	检查结果
10	输变电工程建设标准强制性条文执行策划	根据《输变电工程建设标准强制性条文实施管理规程》中对工程建设的相关规定，编制《输变电工程建设标准强制性条文执行策划》，以指导设计、监理、施工等各参建单位执行，保证工程项目执行强制性条文的完整性	相关策划文件	
11	绿色施工示范工程策划	绿色施工目标明确，管理要求具体	相关策划文件	
12	风险管控策划	是否按照《国家电网公司输变电工程施工安全风险识别、评估及预控措施管理办法》[国网（基建/3）176—2015]和直流建设部"建管区段、施工标段、作业班组、逐基逐档"实现"单基防控"的原则进行现场风险管控策划	相关策划文件	
13	创优策划	创优策划目标明确，措施具体，有工程创优要点	相关策划文件	
14	环境保护与水土保持管理策划	职责明确，现场管理措施可行，是否有专职的环保、水保管理人员。 水土保持监理合同、监测合同签订情况	相关策划文件	
15	依法合规现场管理策划	目标明确，现场风险辨识符合实际，一般风险、重大风险管理内容具体	相关策划文件	
16	新技术应用示范工程策划	目标明确，新技术应用实施工作管理内容具体	相关策划文件	
17	进度网络计划	根据项目里程碑计划，是否编制详细的工程进度一级网络计划，确保工程按照里程碑计划顺利实施	一级网络计划	
18	开工许可	是否按规定办理工程建设许可、施工许可等各项开工手续。是否按规定进行地方（电监会）开工报备。是否按规定开展地方安全等依法合规文件的办理	相关文件资料	
19	开工审批	开工及相关必备条件是否满足标准化开工要求	开工报审表及附件	
20	预付款支付	是否按工程管理规定，及时组织相关单位进行预付款申请和支付	相关资料	
21	质监注册及首次监督	是否按规定完成质量监督注册，并开展首次质量监督，确定质量监督检查计划	质量监督注册申报书	
22	工程试点管理	试点是否完成总体策划，明确建管区段和施工标段的试点及总结要求。试点施工方案应经监理项目部、业主项目部批准方可实施，试点完成后及时总结，成熟施工方案，在全段推广	试点策划及总结	
23	设计管理	线路工程设计配合、协调工作完成情况，包括组织开展线路工程林勘设计、防洪评估、现场设计工代组织及报备等工作	相关资料	
24	应急管理	是否建立工程应急领导组织机构，落实建设管理单位、现场业主项目部、监理部、施工项目部和上级主管省公司应急组织机构，报备总部。（建设管理单位和施工上级主管电力公司应严格执行安全事故和突发事件及时报告制度，及时汇报总部相关部门，同时报直流建设部，确保现场情况真实、及时。建设管理单位应第一时间进行现场舆情控制，掌握现场各类舆情导向，负责属地外部协调）	相关文件资料	

序号	项目	具体内容及检查要点	资料形式	检查结果
25	上级工作要求的落实	国家电网公司有关工作要求和专项工作的落实情况。27 项通用制度及直流部相关文件：《特高压直流输电线路工程现场强化安全监督管理专项措施（试行）》《国家电网公司特高压直流线路工程安全监督及考核实施细则（试行）》《国家电网公司特高压直流线路工程建设安全质量 30 项强制性管控措施》	有关上级文件要求的现场落实	

责任单位：监理单位

1	监理项目部布置	监理部布置符合《国家电网公司输变电工程安全文明施工标准化管理办法》[国网（基建/3）187—2015]相关要求	查看实地布置	
2	监理规划、工程项目监理实施细则	根据《建设管理纲要》，编制《监理规划》（包括工程创优监理措施、标准工艺监理控制措施专篇、强条监督检查计划）、《监理实施细则》，组建监理管理体系，明确项目监理内容、方法、手段、措施、程序	监理规划、相关制度、监理人员资质及报批，相应招投标文件及资源投入承诺	
3	环保、水保监理规划、监理细则	是否按规定针对本工程独立制定工程环保、水保监理规划与细则。是否有专职的环保、水保管理人员	相关文件资料	
4	资源投入	监理部应设置总监理工程师、分管技术（质量）副总监、分管安全副总监、专职安全监理工程师、水保监理工程师、环保监理工程师及其他相关专业监理工程师和监理员。按施工段分设监理站，监理站现场监理人员按线路长度山区 5km、平地 7km 标准配置 1 名监理人员。监理部、各监理站应分别配备车辆。监理单位上级主管省公司应对施工、监理项目资源投入情况进行"初审"并出具书面审查意见	相关文件及实地查看	
5	人员资质	总监理工程师应具有国家注册监理工程师或电力行业总监理工程师证书，并与其单位建立正式劳动合同关系（劳动合同有效期自投标截止日起不少于 3 年），且年纪不得超过 60 岁，对于近 5 年担任过线路项目总监工作获得国家优质工程奖者可放宽到 63 岁，同一时期只能参与本段线路的监理工作。总监理工程师应在三年内担任过 330kV 及以上输电线路工程总监理工程师工作。大跨越工程，总监理工程师应具有一个及以上符合大跨越设计规范规定的 330kV 及以上电压等级大跨越工程监理业绩。副总监理师应取得国家注册或电力行业总监师任职资格，专业监理师、监理站长应取得国家注册或电力行业监理工程师资格，专职安全监理工程师应经过国家电网公司安全培训合格，水保监理工程师应具备水利部水保监理员资格。因 2016 年 1 月 20 日中国电力建设企业协会已取消对电力行业监理工程师、总监理工程师认证，检查时请核对有效期，过期按作废处理	相关文件及实地查看	
6	办公资源及检测器具	现场办公条件及相关资源投入满足工程实际需要、满足投标承诺	实地查看	

续表

序号	项目	具体内容及检查要点	资料形式	检查结果
7	安全监理工作方案	根据业主项目部《安全管理总体策划》和经批准的《监理规划》及相关专项方案等，编制《安全监理工作方案》，其中应包括监理风险和应急管理	安全监理工作方案、相关制度及报审	
8	关键工序安全见证、签证、放行制度管理	针对现场工序安全，是否按规定建立了工程关键工序安全见证、签证、放行制度管理，相关记录表式是否齐全，且具有针对性	相关资料	
9	"两型三新"监理检查与控制措施	根据建设管理单位"两型三新"有关要求，编制出版相关监理检查与控制措施	检查、控制措施	
10	监理旁站方案	是否根据工程实际编制有针对性、具有可操作性的工程质量监理旁站方案、质量通病防治控制措施	旁站方案资料	
11	质量通病防治控制措施	是否根据工程实际编制有针对性、具有可操作性的工程质量通病防治控制措施	质量通病防治控制措施	
12	试验室管理	是否现场实地确认材料复试试验室资质、能力情况，并明确监理意见。及时完成监理见证人员报备工作	相关文件资料	
13	监理培训	监理部相关人员针对本工程建设管理特点，公司是否组织对监理部全员进行了交底培训、考核到位	查相关记录	
14	安全准入台账	监理部是否建立安全准入台账，监理项目部总监、副总监、总监代表、安全监理师、质量监理师、监理站长、监理员等是否按规定完成了安全准入培训	查台账和实地检查	
15	开工审批	核查总体及分部开工条件，各类报审表相关审批、审查意见是否明确，审查建议应闭环	相关报审表	
16	人员变更	各级项目部主要管理人员因故更换应履行报批程序。总监理师变更，建设管理单位审批并报备直流建设部	相关资料	
17	应急管理	是否按照建设管理单位要求，参与现场应急处置方案编制，并参加现场演练	相关资料	
18	上级工作要求的落实	国家电网公司有关工作要求和专项工作的落实情况。27 项通用制度及直流部相关文件：《特高压直流输电线路工程现场强化安全监督管理专项措施（试行）》、《国家电网公司特高压直流线路工程安全监督及考核实施细则（试行）》、《国家电网公司特高压直流线路工程建设安全质量 30 项强制性管控措施》、《国家电网公司直流线路工程设计监理工作纲要（试行）》	有关上级文件要求的现场落实	
责任单位：设计单位				
1	设计管理	设计项目部组织机构及人员资质、设计工代服务组织机构及人员资质报审，设计使用公章是否符合要求（除院章和分公司章外，设计项目部公章是否监理备案）。现场服务是否及时，工作深度是否符合现场实际	相关文件及现场情况	

续表

序号	项目	具体内容及检查要点	资料形式	检查结果
2	设计创优实施细则	是否编制《创优设计实施细则》，突出设计亮点策划	相关设计文件	
3	质量通病防治设计措施	是否编制《质量通病防治设计措施》，突出本工程特点	相关设计文件	
4	环、水保	线路塔基基础开挖的表土、基槽土是否有详细的堆放位置和防护措施，余土的处理，设计文件应给出具体的方案；对需要外运的余土，应逐基、逐位详细说明	相关设计文件	
5	设计强制性条文执行计划	根据《输变电工程建设标准强制性条文执行策划》，是否编制《输变电工程设计强制性条文执行计划》，明确本工程所涉及的强制性条文	设计强制性条文执行计划及执行记录及设计监理报审表	
6	"两型三新"设计实施方案	根据"两型三新"有关要求，编制出版相关设计实施方案	"两型三新"设计实施方案及设计监理报审表	
7	施工图纸	按计划提交施工图纸，说明施工图设计执行情况	施工图纸交接记录及有关说明	
8	设计遗留问题	是否存在路径、协议等影响工程开工程的设计遗留问题	相关文件及路径协议	
9	设计交底资料	是否提供设计交底大纲及答疑	相关文件	
责任单位：施工单位				
1	施工项目部、材料站	施工项目部布置应符合《国家电网公司输变电工程安全文明施工标准化管理办法》[国网（基建/3）187—2015] 相关要求。材料站施工材料、工器具等存放和保管应满足 DL 5009.2—2013《电力建设安全工作规程 第 2 部分：架空电力线路》相关要求	查看实地布置	
2	施工管理体系施工管理人员资质	组建施工管理体系，并将管理制度、人员相应资质等报监理单位审查、建设管理单位批准。项目经理具备一级注册建造师资格证书，并担任过 330kV 及以上线路工程的项目经理，未同时兼任其他工程项目经理。各级项目部主要管理人员因故更换应履行报批程序。施工项目经理变更，建设管理单位审批并报备直流建设部	相关文件、制度、人员资质报审、进场并交底	
3	项目管理实施规划	根据《建设管理纲要》，编制有针对性的《项目管理实施规划》（包括编制创优、标准工艺施工策划章节），报监理单位审核、建设管理单位批准后实施	相关文件	
4	资源投入	应按线路长度以不大于 40km 的标准，分别设置一名专职安全员和专责质量员，各施工队按"同进同出"要求，每个作业点设置一名兼职安全员。项目经理、总工、专职安全员、应取得国家电网公司安全培训合格证，专责质量员应取得电力质监总站颁发的质检证，兼职安全员应取得施工单位或者上级主管省公司安全培训合格证。施工上级主管省公司应对施工项目资源投入情况进行"初审"并出具书面审查意见。基础阶段现场"同进同出"管理人员是否满足施工组织计划需求	相关文件及实地检查	

续表

序号	项目	具体内容及检查要点	资料形式	检查结果
5	安全准入培训	施工项目部是否建立安全准入台账，施工项目经理（含生产副经理、总工）、技术、安全、质量管理人员、施工队主要管理人员及拟订分包单位现场作业等技能人员是否按规定经过培训合格准入，动态管理	相关文件及实地抽查	
6	施工安全风险控制	1. 高度重视施工准备、转序验收、交通运输、生活取暖、林区火灾、山洪、泥石流等地质性灾害等非主体施工环节的风险防控，杜绝风险防控盲区，编制有针对性的《施工安全管理及风险控制方案》、《施工安全固有风险识别、评估、预控清册》，实行"建管区段、施工标段、作业班组、逐基逐档"的"单基防控"。 2. 重大、重要、高危和特殊条件施工作业及四级以上风险施工，现场应"挂牌督查"。业主项目部安全专责、总监理工程师、安全监理工程师、施工单位分管领导、技术、安质部门及施工项目部责任人现场到位。 3. 是否存在未结合工程实际识别评估风险，或未按风险级别进行分级管控，或管控措施不落实。 4. 是否存在未按要求要求办理安全施工作业票，或未按作业票制定的措施执行	施工安全管理及风险控制方案	
7	输变电工程强制性条文执行计划	根据《输变电工程建设标准强制性条文实施管理规程》，按单位、分部、分项工程明确本工程项目所涉及的强制性条文，编制《输变电工程强制性条文执行计划》，报监理单位审核，建设管理单位批准后执行	输变电工程强制性条文执行计划及记录	
8	事故预防和应急处置预案、演练	是否按照建设管理单位组织的应急要求，针对施工现场可能造成人员伤亡、重大机械设备损坏及重大或危险施工作业等危险环境进行事故预防和应急处置演练	事故预防和应急处置预案及演练记录	
9	主要施工机械/工器具/安全用具	施工单位主要施工机械、施工器具已经报审批准，并进场	主要施工机械/工器具/安全用具报审	
10	材料/试验资质/报告/计量器具/特种人员	施工主要材料、试验室资质、试验报告、计量器具等报审。试验室资质要求为具有 CMA 省级以上资质，检验报告委托单位名称、工程名称、报告编号、委托日期及委托单号、产地、取样日期、品种、代表批量、取样人姓名、见证人姓名、试验依据、试验方法及试验日期、试验结果及结论性意见等应符合相关规程要求。基础试块、钢筋焊接、导地线压接、受拉金具等取样送检符合规定要求	相关报审表及附件	
11	甲供、乙购材料管理	甲供材料是否按规定进行开箱检验，记录、纪要齐全，相关遗留问题闭环。乙购材料生产厂家资质、产品（材料）合格证明材料、检验报告是否齐全有效。铜覆钢接地是否已完成采购，生产厂家资质、业绩是否符合施工招标文件规定	相关文件资料	
12	施工质量验收及评定项目划分	施工单位在工程开工前，应对承包范围内的工程进行单位、分部、分项、检验批施工质量验收及评定范围项目划分	施工质量验收及评定项目划分报审	
13	创优、标准工艺应用交底	依据工程创优、标准工艺应用要求，是否组织现场交底等工作	相关资料	
14	质量通病防治控制	是否根据工程实际编制有针对性、具有可操作性的工程质量通病防治控制措施	质量通病防治控制措施	

续表

序号	项目	具体内容及检查要点	资料形式	检查结果
15	施工方案管理	1. 对超深基础、组塔、大跨越工程、跨越电力线路、大截面导线架线、跨越高铁、电气化铁路、高速公路、通航河流及特殊临近带电体等重要、重大、高危以及特殊施工方案，建设管理单位在施工、监理单位审查的基础上，组织专家进行评审，通过后实施。 2. 是否存在施工方案（措施）不针对工程实际编写，关键技术指标与工程实际不符。 3. 是否存在不严格按施工方案（措施）开展施工作业，人员组织、施工装备、技术措施等与方案明显不符	相关资料、现场检查	
16	单基策划	在总体审定的施工方案的基础上，结合现场实际，进行现场单基作业策划，明确现场布置和安全、质量等事项	相关作业指导书等文件	
17	进度计划	施工二级进度网络计划是否经各级批准后实施	二级网络进度计划	
18	分包管理	分包计划、分包内容及分包合同应报监理单位审核，建设管理单位批准。 根据《国家电网公司2015年电网建设分包商名录》，劳务分包队伍是否符合国家电网公司合格分包商名录要求。 施工单位主管省公司应对所属施工单位专业分包或劳务分包队伍的招标、合同和安全协议，出具审查报告	分包单位资质报审	
19	同进同出	是否建立现场"同进同出"管理办法，人员、责任落实	相关文件及实地检查	
20	现场交通运输	现场材料运输应编制运输方案和作业指导书。索道运输必须具有经审定的施工作业指导书，且按要求进行空载、负载试验，并通过现场监理验收后，挂牌使用。自行制造或组装的运输工具，应由具有资质的单位（或上级安全质量管理部门）出具的合格证明文件或试验报告。严禁乘坐或租用违规交通工具，乘坐船只或开展水上作业时，必须配备数量充足、有效的救生装备，严禁超载、夜间和恶劣气候条件下使用船只	相关作业指导书和风险管控文件	
21	开工报审	总体及分部开工报审情况	有关报审表	
22	三级交底	1. 是否按规定进行了三级安全、质量、技术全员交底，记录齐全。 2. 是否存在安全技术措施交底记录等不与管理工作同步形成，或与工程实际严重不符	相关资料	
23	劳务分包投入及保险	检查分包计划与施工交底记录、人员体检记录及保单人员数量相互之间印证性	相关资料	
24	视频监控	购置计划及现场实施情况	相关资料	
25	环保、水保	根据业主《环境保护与水土保持管理策划》文件，编制相关实施细则，检查基坑开挖弃土是否满足设计规定。是否有专职的环保、水保管理人员	相关资料，现场检查	
26	上级工作要求的落实	国家电网公司有关工作要求和专项工作的落实情况。27项通用制度及直流部相关文件：《特高压直流输电线路工程现场强化安全监督管理专项措施（试行）》、《国家电网公司特高压直流线路工程安全监督及考核实施细则（试行）》、《国家电网公司特高压直流线路工程建设安全质量30项强制性管控措施》、《国家电网公司特高压直流线路工程劳务分包"同进同出"管理实施细则（试行）》	有关上级文件要求的现场落实	

附件2 特高压直流输电线路工程协同监督检查大纲

责任单位：建设管理单位（业主项目部）				
序号	项目	具体内容及检查要点	检查形式	检查结果
1	现场强化安全监督管理专项措施落实情况	《特高压直流输电线路工程现场强化安全监督管理专项措施（试行）》（直流线路〔2015〕71号）	检查记录，作业现场实际检查	
2	项目安全委员会	安委会主任应主持召开工程每季度安委会会议	相关文件、会议纪要、记录	
3	安全培训准入	做到业主项目经理（含分管工程建设副经理）及技术、安全、质量管理人员持证上岗，实行动态管理	安全培训、准入台账	
4	风险管控策划执行	是否按照《国家电网公司输变电工程施工安全风险识别、评估及预控措施管理办法》〔国网（基建/3）176—2015〕和直流建设部"建管区段、施工标段、作业班组、逐基逐档"实现"单基防控"的原则进行现场风险管控	检查记录，作业现场实际检查	
5	事故预防和应急处置预案	针对施工现场可能造成人员伤亡、重大机械设备损坏及重大或危险施工作业等危险环境进行事故预防。对于跨越光缆线路的施工，省公司应组织基建、运检及通信专业编制《通信应急专项预案》，建立应急迂回路由，确保通信通道畅通。 对于被跨线路承载跨省、跨区及国调直调系统业务的，《通信通道应急预案》应经过国网信通公司组织评审	相关文件、资料	
6	分包管理	是否定期收集施工项目部填报的工程分包人员动态信息一览表，填写施工分包人员动态信息汇总表	相关资料	
7	档案管理	是否按照《直流输电工程线路工程档案整理指导手册》《技术资料填写手册》要求进行资料管理，技术资料填写是否正确	查实际资料整理情况	
8	数码照片管理	数码照片收集整理情况。安全质量管理数码照片存在代用、伪造等弄虚作假情形。数量是否满足《输变电工程安全质量过程控制数码照片管理工作要求》（基建安质〔2016〕56号）要求	相关资料	
9	环、水保管理	按照《环境保护标准化管理要求管理表格整理标准》《水土保持标准化管理要求表格整理标准》工作开展情况。相应数码照片收集情况	相关资料	
10	上级工作要求的落实	国家电网公司有关工作要求和专项工作的落实情况。27项通用制度及直流部相关文件：《国家电网公司特高压直流线路工程安全监督及考核实施细则（试行）》、《国家电网公司特高压直流线路工程建设安全质量30项强制性管控措施》、《国网基建部关于进一步加强输变电工程"三跨"等重大风险作业安全管理工作的通知》（基建安质〔2017〕25号）、《国网直流部关于进一步加强特高压直流线路工程现场安全管控工作的通知》（直流线路〔2017〕33号）、《国家电网公司关于开展基建现场反违章专项行动的通知》（国家电网安质〔2017〕409号）	有关上级文件要求的现场落实情况	

续表

序号	项目	具体内容及检查要点	检查形式	检查结果
11	以往协同监督检查问题	是否举一反三整改	相关资料	
责任单位：监理单位				
1	现场强化安全监督管理专项措施落实情况	《特高压直流输电线路工程现场强化安全监督管理专项措施（试行）》[直流线路〔2015〕71号]	检查记录，作业现场实际检查	
2	安全工作例会	是否按时召开安全工作例会，在会议纪要中针对安全检查存在的问题进行通报和分析，提出整改意见	安全工作例会会议纪要	
3	安全检查	是否定期组织月度或专项安全检查，监督施工单位对检查中发现的问题进行整改闭环	相关文件资料	
4	安全文明施工管理	是否分阶段审核施工项目部编制的安全文明施工设施配置计划申报单，并及时对进场的安全文明设施进行审查	相关文件资料	
5	分包管理	是否对分包商进行入场验证并进行动态核查	相关文件资料	
6	风险管理	是否对三级及以上风险等级的施工工序和工程关键部位、关键工序、危险项目进行安全旁站	安全旁站监理记录表	
7	1250mm²大截面导线展放及压接质量控制	放线施工现场检查监理履职情况，同时按照《国网直流部关于印发进一步提高1250mm²大截面导线架线质量管控措施的通知》（直流线路〔2016〕62号）抽查监理压接过程数码照片（照片要能够反映对压接管压后尺寸检查数据）	相关记录、照片及是否配备相应监理高空人员进行质量旁站	
8	关键工序安全见证、签证、放行制度管理	是否按照工程关键工序安全见证、签证、放行制度对现场进行管控，相关记录是否齐全，且具有针对性	相关记录	
9	环、水保管理	按照《环境保护标准化管理要求管理表格整理标准》、《水土保持标准化管理要求表格整理标准》工作开展情况。相应数码照片收集情况	查实际资料整理情况	
10	监理旁站方案执行	是否根据工程监理旁站方案进行旁站监理	相关资料	
11	质量通病防治控制措施	是否根据工程质量通病防治控制措施内容进行现场管控	相关资料	
12	安全培训准入	监理项目部总监、副总监、总监代表、安全监理师、质量监理师、监理员管理人员持证上岗，并进行动态管理	查台账和现场实际监理人员抽查	
13	应急管理	是否按照建设管理单位要求参加现场演练	相关资料	
14	档案管理	是否按照《直流输电工程线路工程档案整理指导手册》《技术资料填写手册》要求进行资料管理，技术资料填写是否正确	查实际资料整理情况	
15	数码照片管理	数码照片收集整理情况。安全质量管理数码照片存在代用、伪造等弄虚作假情形。数量是否满足《输变电工程安全质量过程控制数码照片管理工作要求》（基建安质〔2016〕56号）要求	相关资料	

续表

序号	项目	具体内容及检查要点	检查形式	检查结果
16	上级工作要求的落实	国家电网公司有关工作要求和专项工作的落实情况。27 项通用制度及直流部相关文件：《国家电网公司特高压直流线路工程安全监督及考核实施细则（试行）》、《国家电网公司特高压直流线路工程建设安全质量 30 项强制性管控措施》、《国家电网公司直流线路工程设计监理工作纲要（试行）》、《国网基建部关于进一步加强输变电工程"三跨"等重大风险作业安全管理工作的通知》（基建安质〔2017〕25 号）、《国网直流部关于进一步加强特高压直流线路工程现场安全管控工作的通知》（直流线路〔2017〕33 号）、《国家电网公司关于开展基建现场反违章专项行动的通知》（国家电网安质〔2017〕409 号）	有关上级文件要求的现场落实	
17	以往协同监督检查问题	是否举一反三整改	相关资料	

责任单位：施工单位

序号	项目	具体内容及检查要点	检查形式	检查结果
1	现场强化安全监督管理专项措施落实情况	《特高压直流输电线路工程现场强化安全监督管理专项措施（试行）》（直流线路〔2015〕71 号）	检查记录，作业现场实际检查	
2	安全培训准入	施工项目部施工项目经理（含生产副经理、总工）、技术、安全、质量管理人员、施工队主要管理人员及拟定分包单位现场作业等技能人员是否按规定经过培训合格准入，实行动态管理	相关文件及实地抽查	
3	施工安全风险控制	1. 高度重视施工准备、转序验收、交通运输、生活取暖、林区火灾、山洪、泥石流等地质性灾害等非主体施工环节的风险防控，杜绝风险防控盲区，编制有针对性的《施工安全管理及风险控制方案》、《施工安全固有风险识别、评估、预控清册》，实行"建管区段、施工标段、作业班组、逐基逐档"的"单基防控"。 2. 重大、重要、高危和特殊条件施工作业及四级以上风险施工，现场应"挂牌督查"。业主项目部安全专责、总监理工程师、安全监理工程师、施工单位分管领导、技术、安质部门及施工项目部责任人应现场到位。 3. 是否存在未结合工程实际识别评估风险，或未按风险级别进行分级管控，或管控措施不落实。 4. 根据《国网基建部关于全面使用输变电工程安全施工作业票模板（试行）的通知》（基建安质〔2016〕32 号），在建工程执行新版安全施工作业票。新版安全施工作业票使用是否规范。施工作业风险专项措施落实执行情况检查是否完善。 5. 在跨越施工时要强化落实防跑线及对被跨越物的保护措施，严禁出现"裸跨"现象。特别应注意对通信通道的保护，施工方案中要有明确的对被跨越导地线、光缆的保护措施，措施要符合现场实际，具备可操作性。跨越时若具备封网条件，要优先整档封网；不具备整档封网跨越的条件时，可考虑采取停电松线或其他可行的保护措施	相关资料、现场落实情况	

续表

序号	项目	具体内容及检查要点	检查形式	检查结果
4	对各标段高风险作业进行重点抽查	1. 邻近带电体组塔施工，抱杆组塔施工。 2. 重要跨越施工	现场实际检查	
5	1250mm² 大截面导线展放及压接施工情况	落实《国网直流部关于印发进一步提高1250mm² 大截面导线架线质量管控措施的通知》（直流线路〔2016〕62号）情况	现场实际检查	
6	安全文明施工费	1. 是否按阶段编制安全文明施工设施报审计划，报监理部审核，业主批准。 2. 安全文明施工费使用情况检查（购买清单）	相关资料	
7	安全检查	项目部是否按时组织安全大检查	相关资料	
8	输变电工程强制性条文执行	按照 Q/GDW 10248—2016《输变电工程建设标准强制性条文实施管理规程》，对照《输变电工程施工强制性条文执行计划表》，检查《输变电工程施工强制性条文执行记录表》（开工前、基础工程开工前、基础工程施工、杆塔工程开工前、杆塔工程施工、架线工程开工前、架线工程施工、接地工程施工及竣工投产前分别填写强制性条文执行记录）	输变电工程强制性条文执行计划及记录	
9	事故预防和应急处置预案、演练	是否按照建设管理单位组织的应急要求，针对施工现场可能造成人员伤亡、重大机械设备损坏及重大或危险施工作业等危险环境进行事故预防和应急处置演练	事故预防和应急处置预案及演练记录	
10	材料/试验资质/报告/计量器具/特种人员	施工主要材料、试验室资质、试验报告、计量器具等报审。试验室资质要求为专业一级，检验报告委托单位名称、工程名称、报告编号、委托日期及委托单号、产地、取样日期、品种、代表批量、取样人姓名、见证人姓名、试验依据、试验方法及试验日期、试验结果及结论性意见等应符合相关规程要求。基础试块、钢筋焊接（机械连接）等取样送检符合规定要求	相关报审表及附件	
11	甲供、乙购材料管理	甲供材料是否按规定进行开箱检验，记录、纪要齐全，相关遗留问题闭环。乙购材料生产厂家资质、产品（材料）合格证明材料、检验报告是否齐全有效。铜覆钢接地是否已完成采购，生产厂家资质、业绩是否符合施工招标文件规定	相关文件资料	
12	质量通病防治控制	是否根据工程质量通病防治控制措施要求进行施工	现场实际检查	
13	施工方案管理	1. 对超深基础、组塔、大跨越工程、跨越电力线路、大截面导线架线、跨越高铁、电气化铁路、高速公路、通航河流及特殊临近带电体等重要、重大、高危以及特殊施工方案，建设管理单位在施工、监理单位审查的基础上，组织专家进行评审，通过后实施。 2. 是否存在施工方案（措施）不针对工程实际编写，关键技术指标与工程实际不符。 3. 是否存在不严格按施工方案（措施）开展施工作业，人员组织、施工装备、技术措施等与方案明显不符	相关资料、现场检查	
14	单基策划	在总体审定的施工方案的基础上，结合现场实际，进行现场单基作业策划，明确现场布置和安全、质量等事项	相关作业指导书等文件，现场检查	

续表

序号	项目	具体内容及检查要点	检查形式	检查结果
15	分包管理	1. 所有分包人员进场时，均应签订"安全作业告知书"，明确作业前不签字视为私自作业。 2. 从 2017 年 2 月 1 日起，分包合同只能由甲乙双方企业法人代表签署，不得为委托代理人。 3. "六项施工分包管理通病"：施工企业未动态掌握分包人员信息；分包商不从"备选分包商名录"选取；分包合同不经基建管理系统签订；分包人员不按要求培训；分包人员信息管理不严格；分包作业交底及"同进同出"管理不到位等。 4. 检查分包计划与施工交底记录、人员体检记录及保单人员数量相互之间印证性	相关资料	
16	同进同出	是否建立现场"同进同出"管理办法，现场执行情况	相关文件及实地检查	
17	现场交通运输	现场材料运输应编制运输方案和作业指导书。索道运输必须具有经审定的施工作业指导书，且按要求进行空载、负载试验，并通过现场监理验收后，挂牌使用。自行制造或组装的运输工具，应由具有资质的单位（或上级安全质量管理部门）出具的合格证明文件或试验报告。严禁乘坐或租用违规交通工具，乘坐船只或开展水上作业时，必须配备数量充足、有效的救生装备，严禁超载、夜间和恶劣气候条件下使用船只	相关作业指导书和风险管控文件	
18	三级交底	1. 是否按规定进行了三级安全、质量、技术全员交底，记录齐全。 2. 是否存在安全技术措施交底记录等不与管理工作同步形成，或与工程实际严重不符	相关资料	
19	视频监控	视频采集现场实施情况（本次协同监督检查根据录像内容检查相应现场施工开展情况）	相关资料	
20	环保、水保	按照《环境保护标准化管理要求管理表格整理标准》《水土保持标准化管理要求表格整理标准》工作开展情况。相应数码照片收集情况。 基坑开挖前是否进行表土剥离，生熟土分开堆放，对临时堆土是否进行临时挡护，并采取苫盖措施。 塔基区是否依据实地条件和工程设计要求，采取挡土墙、护坡、排水沟等措施，施工弃土是否按设计要求进行外运或就地处理	相关资料，现场检查	
	分部工程阶段转续	检查业主中间验收、监理初检、施工三检及质监站验收完成情况	相关资料	
21	档案管理	是否按照《直流输电工程线路工程档案整理指导手册》《技术资料填写手册》要求进行资料管理，技术资料填写是否正确	查实际资料整理情况	
22	数码照片管理	数码照片收集整理情况。安全质量管理数码照片存在代用、伪造等弄虚作假情形。数量是否满足《输变电工程安全质量过程控制数码照片管理工作要求》（基建安质〔2016〕56 号）要求	相关资料	

序号	项目	具体内容及检查要点	检查形式	检查结果
23	上级工作要求的落实	国家电网公司有关工作要求和专项工作的落实情况。27项通用制度及直流部相关文件：《国家电网公司特高压直流线路工程安全监督及考核实施细则（试行）》、《国家电网公司特高压直流线路工程建设安全质量30项强制性管控措施》、《国家电网公司特高压直流线路工程劳务分包"同进同出"管理实施细则（试行）》、《国家电网公司关于印发进一步加强输变电工程施工分包管理专项行动方案的通知》（国家电网基建〔2017〕35号）、《国网基建部关于进一步加强输变电工程"三跨"等重大风险作业安全管理工作的通知》（基建安质〔2017〕25号）、《国网直流部关于进一步加强特高压直流线路工程现场安全管控工作的通知》（直流线路〔2017〕33号）、《国家电网公司关于开展基建现场反违章专项行动的通知》（国家电网安质〔2017〕409号）	有关上级文件要求的现场落实	
24	以往协同监督检查问题	是否举一反三整改	相关资料	

附件3 电网工程建设安全检查整改通知单

电网工程建设安全检查整改通知单

检查组织单位：国网直流公司   编号：线路部〔2017-2〕-01（组号）-01（流水号）

被查项目		业主项目部	
被查地点		施工项目部	
检查时间		监理项目部	
检查范围和内容			

序号	发现问题（照片另附）	整改要求	整改期限
1			
2			
3			

全部整改时间	自　　年　月　日至　　　年　月　日		
检查人员签名		被查单位负责人签名	
组长		业主项目部	
成员		施工项目部	
		监理项目部	
检查组织单位	电话： 传真：	业主项目部	电话： 传真：

附件4　协同监督检查通报

××—××±××kV 特高压直流输电线路工程协同监督检查通报

××业主/监理/标段：

一、总体情况

20××年6月　日，第×检查组对××标段进行了20××年×季度协同监督检查。

总体上（对应检查大纲主要项目说明）。

亮点：

共发现××项问题。

二、存在的问题

1. ×××××。（照片编号：××标　业主/监理/施工–01）

2. ×××××。（照片编号：××标　业主/监理/施工–02）

三、整改要求

请业主项目部/监理项目部/施工项目部_____日内完成上述问题整改闭环，报备直流部。

检查组（签名）：

业主项目部/监理项目部/施工项目部（签名）：

20××年　月　日

附件5 考核表

××铁路××年××季度协同问题考核表
监理单位/施工单位考核情况

一、监理单位/施工单位考核得分汇总表

序号	单位	考核得分
1		
2		

二、考核评价明细表

单位	考核内容	评价依据	扣分
××公司（分）	项目策划和报告（20）		
	项目管理（20）		
	设计管理（10）		
	安全管理（20）		
	投资管理（20）		
	竣工及验收管理（10）		